牛肉、猪肉、鸡肉、鸭肉、马肉等

居酒屋
肉料理全书

日本旭屋出版　编著

钟芸芳　译

河南科学技术出版社

·郑州·

IZAKAYA・BERU NO WAZA ARI NIKU RYOURI

© ASAHIYA SHUPPAN.INC.2014

Originally published in Japan in 2014 by ASAHIYA SHUPPAN.INC.,TOKYO,

Chinese(Simplified Character only)translation rights arranged

with ASAHIYA SHUPPAN.INC.,TOKYO,through TOHAN CORPORATION,TOKYO.

备案号：豫著许可备字-2016-A-0030

图书在版编目（CIP）数据

居酒屋肉料理全书 / 日本旭屋出版编著；钟芸芳译. —郑州：河南
科学技术出版社，2018.1
ISBN 978-7-5349-8877-6

Ⅰ. ①居… Ⅱ. ①日… ②钟… Ⅲ. ①荤菜–菜谱 Ⅳ.①TS972.125

中国版本图书馆CIP数据核字(2017)第200893号

出版发行：河南科学技术出版社
    地址：郑州市经五路66号 邮编：450002
    电话：（0371）65737028 65788613
    网址：www.hnstp.cn
策划编辑：刘 欣
责任编辑：余水秀
责任校对：马晓灿
封面设计：张 伟
责任印制：张艳芳
印 刷：北京盛通印刷股份有限公司
经 销：全国新华书店
幅面尺寸：190 mm×260 mm 印张：14 字数：270千字
版 次：2018年1月第1版 2018年1月第1次印刷
定 价：88.00元

目　录

牛肉

31种

藤枝和牛黑胡椒烤牛排

牛后腿内侧肉 🐄

这是备受欢迎的人气牛排。和牛肉主要使用经过约1个月时间熟成的红肉，并且考虑牛肉烤后回缩，切时要注意切成大块。在店里，有时也会因点单人数较多而无法使用熟成肉，因此不建议在菜单上标注是否"熟成"。红肉因其香浓的味道及表面的酥脆口感，受到众多粉丝追捧。

材料 (1盘分量)

牛后腿内侧肉…约250g

盐、黑胡椒…各适量

色拉油…适量

迷迭香…1枝

蒜香橄榄油…适量

什菜沙律…适量

炸薯条…适量

日晒盐、芥末粒…各适量

特级初榨橄榄油…各适量

做法

1. 做牛排用的牛肉主要采购经过1个月熟成的牛肉。牛肉切成约2.5cm厚，把变色的部分和多余的脂肪切除。**技巧1**

2. 把切好的**1**放在手掌上，均匀地撒上盐。**技巧2** 接着撒上黑胡椒。

3. 在平底锅上加入足量的色拉油并加热，放入**2**，大火煎。反复翻转牛肉，使牛肉均匀受热，并把油浇到牛肉上，一边炸一边煎。**技巧3**

4. 牛肉表面变得酥脆时，放在架有金属网的方形容器上，取迷迭香置于其上，并涂抹蒜香橄榄油。**技巧4**

5. 把**4**放于200℃的烤箱内，烤制4~5分钟。取出后用铁扦穿刺至牛肉中心部分，确认温度。

6. 烤好后切块，盛于放有什菜沙律的容器中，配上炸薯条、芥末粒、日晒盐。均匀地淋上特级初榨橄榄油，撒上黑胡椒。

技巧1 使用熟成后的优质牛肉

购买熟成前的优质牛肉，由精肉店从熟成库熟成，然后再使用。使用时，把牛肉切成块，并切除表面变色部分。这些边角肉中可食用的部分可用于制作肉末酱，以减少损耗。

技巧2 酌量放盐

要根据不同肉质酌量放盐，因此一定要把牛肉放在手上撒盐。根据手托牛肉时对牛肉厚度和油脂重量的感觉酌量放盐。

技巧3 用边炸边煎的手法进行煎烤

使用一边浇油一边煎的"边炸边煎"方法，把牛肉加工至表面酥脆。此时，牛肉口感酥脆、肉香四溢，与牛肉内部的红肉肉汁相得益彰，更添风味。

技巧4 用烤箱进行烹饪

最后用烤箱进行烹饪。此时准备配菜炸薯条。在牛肉表面涂抹蒜香橄榄油后再放进烤箱，可防止牛肉表面变干，并增添风味。迷迭香置于其上，更添肉香。

黑毛和牛原味烤牛排

牛后臀肉 🐂

黑毛和牛肉中富含日本人喜爱的油脂，大火加热250g 的整块牛肉，加工制作成极具魅力的一道菜肴。烹饪过程中时，不断变换加热方法，以余热和小火把牛肉加工至半熟。充分发挥食材原味，简单进行调味，配上盐、山葵、洋葱酱油即可上菜。

材料（1盘分量）

牛后臀肉…250g
盐…适量
黑胡椒…适量
洋葱酱油※…适量
山葵…适量

做法

1. 让牛肉恢复至常温，两面都撒上盐。
2. 平底锅上不抹油，以大火煎 1 的表面。

   技巧1 倒掉多余油脂，将双面煎至金黄色时，平底锅上盖上锅盖，并将其置于温暖的地方，以余热加热牛肉内部。中途检查平底锅中的情况，若冷

   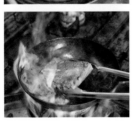

   却下来，立即置于小火上加热。油脂熔化，牛肉发出"噼噼啪啪"的声音时，把锅从火上拿下来。如此反复操作，一边保持一定的温度一边以余热加热牛肉。**技巧2、3**
3. 用铁扦穿刺2，检查牛肉的中心部分是否温热，

   切成适当大小盛在容器中。添加盐和黑胡椒、洋葱酱油、山葵。

※ 洋葱酱油
<材料> 一次加工量
浓酱油*…900mL　洋葱…5个
鲣鱼干…适量
<做法>
1. 把浓酱油放在容器内用热水加热至80℃，加入鲣鱼干。
2. 腌制一晚，取出鲣鱼干。
3. 于2 中加入磨碎的洋葱，放置3天后即可使用。

*颜色较深，主要用来上色。后文出现的"淡酱油"颜色较浅，主要用来调味。

技巧1　仔细去除多余的脂肪

上等黑毛和牛的后臀肉脂肪量大，因此平底锅不抹油直接煎。在煎的过程中仔细去除多余的脂肪。

技巧2　保持余热，加工至五成熟

烹饪有一定厚度的大块牛肉时，用大火加热其表面后，把平底锅从火上取下，盖上锅盖，用焖烤的方式以余热加热至牛肉内部，可保持其软嫩口感。途中平底锅会冷却下来，需经常放在小火上加热。

技巧3　根据弹力确认烹饪程度

以余热加热的牛肉可以通过手指摁压的方法来检查烹饪情况。以感觉到牛肉有弹力、有反弹感为标准。

精品黑毛和牛烤牛排

牛臀肉 🐄

本菜品是店里的招牌菜，很多客人都是为该菜品而来。牛肉精选黑毛和牛 A5 级优质牛肉。牛肉不限产地，可用牛臀肉和牛后腿内侧肉、牛腰肉等各种部位的牛肉。因需要花费时间仔细加工制作，推荐在点前菜的时候一起早些点单。

材料 (1盘分量)

牛臀肉…160g

蒜香橄榄油…适量

盐…适量

黑胡椒…适量

调味果醋 ※…适量

辣根、西芹盐、柠檬…各适量

蔬菜配菜

胡萝卜薄片、土豆泥、腌制的扁豆和洋葱、芹菜叶、红洋葱…各适量

做法

1. 去除牛臀肉多余的筋膜和脂肪，切成160g 左右的大小。

2. 用刷子在 **1** 的表面涂抹蒜香橄榄油，撒上盐和黑胡椒。**技巧1**

3. 在烧烤架上烤好 **2** 后，放入200℃的烤箱中烤制2 分钟。

4. 从烤箱中取出 **3**，把肉在温暖的地方放置10 分钟左右。**技巧2**

5. 肉放置一会儿后，再次放入烤箱中，加热3 分钟左右。**技巧3**

6. 把 **5** 和蔬菜配菜盛在盘中，浇上调味果醋，配上辣根、西芹盐、柠檬，撒上黑胡椒。

※ 调味果醋

<材料> 1 次烹饪量

红酒…500mL

A

巴萨米克醋…200mL　橙汁…200mL

汤汁…100mL

B

月桂叶、迷迭香、百里香…各适量

盐、黑胡椒、细砂糖…各适量

<做法>

1. 把红酒放入锅中，煮干到一半。

2. 在 **1** 中放入 A 和 B 的材料，稍微煮干一点。

3. 用盐、黑胡椒、细砂糖给 **2** 调味。

技巧1　涂抹蒜香橄榄油

在橄榄油中腌入蒜末，做出来的就是蒜香橄榄油。通过涂抹蒜香橄榄油，可增添牛肉风味，也可防止牛肉粘在烧烤架上。

技巧2　让肉汁凝固

切的时候，为了不让肉汁流出来，一定要把牛肉放置一段时间。在放置的过程中，肉汁凝固，红肉也冷却下来。

技巧3　根据牛肉的弹力进行判断

部位和大小不同，加工制作的时间也不同。触摸牛肉，根据牛肉的弹力来判断烤制程度。

巴萨米克醋炒牛肉番茄

牛腿肉 🐄

大块牛肉和番茄一起快速爆炒，具有分量感，可作为主菜。食材限2种，让顾客感受简单的味道。一有点单，只需快速爆炒即可迅速上菜。番茄发挥了调味料的作用，与巴萨米克醋共同酝酿浓香美味。

材料 (1盘分量)

牛腿肉…200g
盐…适量
黑胡椒…适量
纯橄榄油…适量
番茄…1个
巴萨米克醋…10mL
浓酱油…10mL
碎欧芹…适量

做法

1. 将牛腿肉切成一口大小，撒上盐、黑胡椒。加热平底锅，在锅底抹上纯橄榄油，大火炒牛腿肉。
2. 将番茄过热水去皮后切成大块。稍微炒一下 **1** 后，加入切好的番茄块，轻轻翻炒。 **技巧1**
3. 混合等量的巴萨米克醋、浓酱油、纯橄榄油，加入 **2** 中并使之均匀混合。
4. 把牛腿肉和番茄从平底锅盛盘，把剩余的汤汁加工成酱汁。加盐进行调味并熬煮，稍有黏糊感时便可浇于盛有牛腿肉和番茄的盘中。 **技巧2** 撒上碎欧芹。

技巧1　生番茄快速翻炒

番茄翻炒过度的话会影响口感，因此在即将盛盘时加入并快速翻炒。

技巧2　适用于全部肉类、沙拉

加入巴萨米克醋的酱汁适用于全部肉类，因此，也可以搭配猪肉、鸡肉、扇贝肉等。作为沙拉酱也非常不错。

意式风味番茄炒牛杂

牛肝、小肠、大肠、牛肚 🐄

在"牛杂+蒜香辣番茄酱"的构思下，充分发挥新鲜牛内脏的风味和清香，快速翻炒烹饪。与牛杂一同翻炒的番茄不需炖煮，通过保留新鲜感突出牛杂的新鲜度。橄榄油、大蒜、朝天椒，再加上盐、黑胡椒，做成简单的意大利式风味，推荐搭配白葡萄酒。

材料 (1盘分量)

牛肝、小肠、大肠、牛肚…共130g

盐、黑胡椒…各适量

迷你番茄…5~6个　大蒜…1瓣

朝天椒…1个　橄榄油…适量

罗勒叶…适量　特级初榨橄榄油…适量

做法

1. 把牛肝、小肠、大肠切成方便食用的大小。牛肚细细切成花后再切成方便食用的大小。技巧1

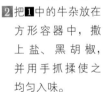

2. 把1中的牛杂放在方形容器中，撒上盐、黑胡椒，并用手抓揉使之均匀入味。

3. 把迷你番茄过热水去皮，对半切开。大蒜拍扁切成末。

4. 在平底锅上加入橄榄油和3中的大蒜、朝天椒，开小火，充分炒出香气后加入2中的牛杂和3中的番茄。在番茄上撒少许盐，轻轻压碎，与牛杂一同翻炒。技巧2

5. 整体翻炒均匀即可。盛盘，撒上碎罗勒叶，淋上特级初榨橄榄油。

技巧1　使用新鲜的牛杂

该菜品源自"新鲜牛杂"的理念。使用从值得信赖的精肉店采购的牛杂，不进行复杂加工，发挥食材的新鲜度。为易于咀嚼，牛肚需细细切成花。

技巧2　发挥番茄的鲜美口感

番茄多使用意大利的西西里番茄（Sicilian Rouge）。鲜美的番茄是成就菜品味道的关键所在，翻炒时撒上盐发挥其鲜美口感。

油煎红菜头牛肉冻

牛脸肉 🐂

来自煎烤法式肉冻的构想，该菜品一定会让你大吃一惊。其独特的红色来自于红菜头，受俄罗斯料理红菜汤启发而成。牛脸肉加猪脚，胶原蛋白和胶质丰富，汤汁即成为天然胶质，使食材成为一体。在平底锅上煎至金黄，其内部固态胶质熔化为流质。与酸奶油微微的酸味非常匹配。

材料（1次烹饪量）

牛脸肉…2kg

盐…20g（肉重量的1%）

橄榄油…适量

猪脚…2只

红菜头…2个

辛香蔬菜（大蒜、洋葱、西芹、胡萝卜）…各适量

水…适量

番茄酱…适量

白葡萄酒…适量

迷迭香…适量

＜上菜用（1盘分量）＞

红菜头牛肉冻…180g

低筋面粉…适量

橄榄油…适量

日晒盐、特级初榨橄榄油…各适量

酸黄瓜、酸奶油…各适量

奶酪面包屑…适量

做法

1 在牛脸肉中撒入相当于其重量1%的盐，腌制4天。技巧1

2 在平底锅中加入油烧热，把1放入锅中煎至金黄色。

3 在锅中加入猪脚、红菜头（去皮对半切开）、辛香蔬菜，添水到刚没过食材的程度，放入番茄酱、白葡萄酒大火煮开。煮开后，仔细撇去浮沫，改小火炖煮3~4小时。技巧2

4 3的炖煮汤汁收汁后停火，取出牛脸肉、猪脚和红菜头。汤汁用锥形过滤器过滤到其他锅内。

5 把4的牛脸肉切成不到1cm的厚度。猪脚去骨剔肉，细细切碎。红菜头切成薄片。

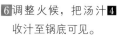

6 调整火候，把汤汁4收汁至锅底可见。

7 在陶罐模具中铺好铝箔纸，把汤汁 **6** 浇入底部。

8 在 **7** 上摆放 **5** 中的红菜头，浇上汤汁。接着铺上 **5** 中的牛脸肉，同样浇上汤汁。继续铺上猪脚，浇上汤汁，铺上红菜头，浇上汤汁，铺上牛脸肉，浇上汤汁，铺上红菜头，填满整个模具。 技巧**3**

9 完成时，在 **8** 上浇上汤汁，撒上切碎的新鲜迷迭香，盖上铝箔纸和陶罐模具盖子使其冷却凝固。

10 有点单时，把 **9** 取出并切成约3cm厚。

11 在 **10** 上薄薄地裹上低筋面粉，放入烧热橄榄油的平底锅中并把两面煎至金黄色。 技巧**4**

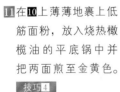

12 把 **11** 盛在容器中，均匀地撒上日晒盐并淋上特级初榨橄榄油。配上酸黄瓜和酸奶油，撒上奶酪面包屑。

技巧**1** **用盐腌制出鲜美的味道**

牛脸肉用盐腌制出鲜美的味道后使用。咸味也将成为法式肉冻的味道。

技巧**2** **仔细慢炖**

细火慢炖胶原蛋白丰富的牛脸肉和富含胶质的猪脚，汤汁中将溶出胶原蛋白和胶质，可加工成天然肉冻。

技巧**3** **仔细把汤汁浇于每层食材上**

富含胶原蛋白和胶质的汤汁发挥着固定食材的作用。最开始把汤汁浇入模具，每叠加一种食材便浇一次汤汁。随着时间流逝，汤汁会逐渐凝固，因此需要快速操作。

技巧**4** **把表面煎至金黄色**

牛肉冻的魅力在于口感顺滑，富有弹性，裹上低筋面粉在平底锅上油煎可增加酥脆口感。此时，内部胶质缓缓熔化，可以感受到不同的口感。

牛筋奶酪蛋焗饭
(牛筋肉)

焯水的和牛牛筋肉加入酒、盐、月桂叶等煮软后,再加入 p.43 介绍的"佛罗伦萨风味炖牛杂"的汤汁进行炖煮。松软柔滑的鸡蛋糊包裹着香味浓郁的牛筋肉,有效利用了边角肉。

材料(1次烹饪量)

和牛牛筋肉(边角肉)…3kg

A
　水…适量　酱油…适量　日式料酒…适量
　清酒…适量　盐…适量　砂糖…适量
　黑胡椒…适量　月桂叶…3片
　"佛罗伦萨风味炖牛杂"的汤汁(→ p.43)…适量
鸡蛋糊(糊状物)
　鲜奶油…840mL　里科塔奶酪…250g
　碎奶酪…240g　鸡蛋…12个
　盐…适量　白胡椒…适量

< 上菜用(1盘分量)>

炖煮牛筋肉…50g　鸡蛋糊…40mL 的勺子3勺
帕玛森干酪…适量　黄油…少许
碎欧芹…少许

做法

1 把和牛牛筋肉放入沸腾的开水中,焯水后把水倒掉。技巧1

2 在锅中放入1,加入材料 A 炖煮约2小时。

3 牛筋肉变软,汤汁即将煮干,此时加入"佛罗伦萨风味炖牛杂"的汤汁炖煮约2小时。稍稍放凉后,放入密闭容器中冷藏保存。技巧2

4 把鸡蛋糊的材料全部加入碗中,加以混合。技巧3

5 上菜时,在烤盘上涂抹黄油,加入炖煮牛筋肉和鸡蛋糊,从上方撒上帕玛森干酪。在230℃的烤箱中烤7分钟左右,表面稍有金黄色时从烤箱中取出,撒上碎欧芹即完成。

技巧1 活用高级和牛肉损耗部分

牛筋肉多使用处理烧烤等用的红肉时切除的牛筋肉或边角肉。充分利用高级黑毛和牛的边角肉。

技巧2 用和风调味料炖煮

汤汁用酱油、酒、日式料酒等和风调味料进行调味,并且加入含有八丁味噌、酱油等材料的"佛罗伦萨风味炖牛杂"的汤汁,成品口感浓厚,受到顾客喜爱。

技巧3 2种奶酪更添风味

鸡蛋糊的硬度以呈浓稠状为宜。2种奶酪混合有利于增添风味,与口感浓厚的炖煮牛筋肉保持平衡。

面包片风味的牛肉串

牛肋条肉

肋骨与肋骨之间的肉被称为"肋条肉"，在烤肉中极受欢迎。这里以烤串的形式使之更为可口。该部位脂肪含量理想，独具美味，但中间部分有牛筋，形状细长，具有韧性。为便于食用，在加工时需在切割方法和穿法上下功夫。浇上充分发挥黑胡椒香味的酱汁即可上菜。

材料（3串分量）

牛肋条肉…1条（120g）
盐…适量
黑胡椒…适量
法式面包片…适量
黑胡椒酱汁※…适量
碎欧芹…适量

做法

1 把牛肋条肉切成5cm左右大小。去除纵向的牛筋，并切成细长条。 技巧1

2 把1缠绕着穿在铁扦上。 技巧2 以1串40g为标准。冷藏保存。

3 有点单时，在2上撒上盐、黑胡椒，放在烧烤台上烧烤。

4 在盘中放上烘烤过的法式面包片，并把3置于其上。浇上黑胡椒酱汁，撒上碎欧芹。 技巧3

※黑胡椒酱汁

<材料> 1次烹饪量
黑胡椒…3g 青葱…30g
大蒜…15g 生姜…15g
无盐黄油…25g 焦香酱油…10g
牛肉清汤…150mL 小牛高汤…250mL

<做法>
1 用15g无盐黄油来炒黑胡椒、切碎的青葱、大蒜、生姜。

2 在1中加入焦香酱油，加热至产生香味，然后加入牛肉清汤、小牛高汤，继续熬煮。

3 熬煮至2的水分蒸发掉一半左右，然后加入10g无盐黄油使其熔化即可。

技巧1 容易食用的切肉方法

把肋条肉切成细长条，具有韧性的部位也变得容易食用。

技巧2 保留肉汁的穿法

把肉缠绕在铁扦上，烧烤时易于保留肉汁，且有分量感。

技巧3 烤串＋法式面包片的新品种

在烤串上浇上酱汁，并置于法式面包片上即可上菜。如此，法式面包片可以吸收烤串溢出的肉汁和酱汁，让顾客完美品味该菜品。

牛膈烤串

牛膈肉 🐄

以烤串的形式提供牛膈肉。1串40g，分量适中，即使是1个人也可以随意点单，极受好评。为了让牛膈肉容易食用及加工，把肉纤维切断，切成薄片。为易于咀嚼，穿肉时与肉纤维方向成直角。配上使用绿胡椒做成的香气扑鼻、微有酸味的酱汁。

材料（1串分量）

牛膈肉…40g

盐…适量

黑胡椒…适量

法式面包片…适量

绿胡椒酱汁※…适量

碎欧芹…适量

做法

1 把牛膈肉切下1串分量，切肉时注意切断纤维。去除多余的脂肪和筋肉。

2 切断纤维，把**1**片成1~1.5mm的薄片。 技巧**1**、**2**

3 保持肉纤维平行，波浪形穿肉。以1串40g为标准。冷藏保存。

4 有点单时，在**3**上撒上盐、黑胡椒，放在烧烤台上烧烤。

5 在盘中放上烘烤过的法式面包片，并把**4**置于其上。浇上绿胡椒酱汁， 技巧**3**撒上碎欧芹。

※ 绿胡椒酱汁
<材料> 1次烹饪量
绿胡椒（罐装）…75g
特级初榨橄榄油和葵花籽油的调和油…260g
酸橙酱油…130g
小牛高汤…300g
无盐黄油…30g
<做法>
1 把绿胡椒、特级初榨橄榄油和葵花籽油的调和油、酸橙酱油一起加入搅拌机，搅拌成糊状。
2 把**1**和小牛高汤入锅加热，收汁到一半左右。
3 最后在**2**中加入无盐黄油使其熔化即完成。

技巧**1** 切成薄片，易于食用

切成薄片，易于食用，并且容易加工，可以尽快上菜。

技巧**2** 考虑食用时的嚼劲

切肉时把纤维切断，食用时易于咀嚼。

技巧**3** 加上浓香酱汁

除牛肉外，绿胡椒酱汁也适合白鱼肉等。

意式风味烤金钱肚

金钱肚 🐄

以烤串的形式提供常规菜品炖煮金钱肚。金钱肚煮出淡淡的口味后，切成一口大小，烤出酥脆感，配上意式辣番茄酱。并且，为了让顾客完整地品味到金钱肚溢出的肉汁和酱汁，置于法式面包片上上菜。

材料（40串分量）

金钱肚（采购处理后煮过一次的金钱肚）…2kg

调味汤汁…适量

盐…适量

黑胡椒…适量

法式面包片…适量

意式辣番茄酱※…适量

碎欧芹…适量

做法

1. 把金钱肚放入锅中，加入调味汤汁。以小火炖煮3小时左右，从炖煮汤汁中取出，待冷却后切成一口大小。

2. 为了使 **1** 便于食用，穿在铁扦上，冷藏保存。

3. 有点单时，在 **2** 上撒上盐、黑胡椒，放在烧烤台上烧烤。网面在上开始烧烤，烧烤到一定程度后翻转，把网面烤至酥脆。 技巧**1**

4. 在盘中放入烘烤过的法式面包片，把 **3** 置于其上。配上意式辣番茄酱， 技巧**2** 撒上碎欧芹。

技巧**1** 下功夫做出最佳口感

煮金钱肚时，需要煮得比平时的硬一些，并保持适度的口感。烧烤时，要烤至金钱肚呈金黄色，口感酥脆。

技巧**2** 配上最适合的番茄酱

把常规菜品炖煮金钱肚改为烤串的形式。意式辣番茄酱配金钱肚最合适，也可以在炖煮时加入。

※ 意式辣番茄酱
<材料> 1次烹饪量
　纯橄榄油…20mL　大蒜…15g
　卡拉布里亚辣椒…1/2根　番茄酱…100mL
<做法>
用纯橄榄油炒香蒜末、卡拉布里亚辣椒，加入番茄酱使之均匀混合。

烤厚切牛舌片

牛舌 🐄

把牛舌切成1.5cm左右容易食用的一口大小，让顾客感受到牛舌的韧性，越嚼越香。牛舌使用熟成的舌中部分。腌制2天入味，炭火烤香。立体盛盘，配上腌白菜清口。

材料（1次烹饪量）

牛舌…10根（20kg）

白汤汁…50mL

洋葱（切薄片）…3个

岩盐…40g

黑胡椒…适量

腌白菜…适量

做法

1. 处理带皮牛舌，使用舌中部位。沿着纤维切口，用白汤汁、洋葱薄片、岩盐、黑胡椒腌制2天，在此期间冷冻保存。 技巧1

2. 把1切块，每块约50g大小，用保鲜膜包好，冷冻保存。马上需要使用的话，冷藏保存。

3. 有点单时，用炭火烧烤2的两面，牛舌里面微微变成粉红色，烤至七八成熟时，从炭火上取下，以余热继续烤制。把最开始的切口切断，切成一口大小。

4. 在盘中立体盛盘，配上腌白菜。

技巧1 腌制入味

牛舌用白汤汁、洋葱薄片、岩盐、黑胡椒腌制2天后使用，可以更加入味。

自制牛舌香肠

牛舌肉末

香肠是居酒屋的常规菜品，一次可以品尝到3种风味。香肠事先做好，有点单时用微波炉加热即可上菜，如此可提高菜品上菜效率。上菜时注意立体装盘，使其有分量感。

材料（1次烹饪量）

牛舌肉末…1kg

盐…适量

白胡椒…适量

自制香料…适量

鲜罗勒…适量

粉状奶酪…适量

辣椒粉…适量

芥末酱…适量

做法

1 在牛舌肉末中加入盐、白胡椒和自制香料并混合均匀，分成3份。

2 在**1**中分别加入鲜罗勒、粉状奶酪、辣椒粉并混合均匀，用机器灌肠。

3 把**2**煮沸并放入密封袋，真空冷藏保存。

4 有点单时，用微波炉加热**3**，斜切成块，盛盘。

技巧**1**、**2** 配上芥末酱即可上菜。

技巧**1** 快速上菜

推荐作为第一杯酒的下酒菜，因此，快速加工非常重要。该菜品把煮过的香肠真空保存，有点单时用微波炉加热即可上菜。

技巧**2** 注意盛盘

该菜品不仅能够品尝到3种风味，为了让顾客感受到其分量感，也需要注意盛盘。在切香肠时，还需要注意利用顾客看到切口更能感受到美味的心理。

真我风味鸟取牛肉片

牛臀肉

这道菜品使用的是日本鸟取县生产的牛臀肉。在真空状态下煮牛肉，可以充分发挥牛肉的香味，使牛肉变得软嫩可口。撒上盐和黑胡椒进行腌制使其充分入味这一步骤也很重要。该菜品重在让顾客简单地品味牛肉的香味，因此不需要酱汁，直接上菜即可。

材料（1次烹饪量）

牛臀肉…5kg

盐…适量

黑胡椒…适量

橄榄油…适量

芝麻菜幼苗…适量

做法

1 在牛臀肉的两面撒上盐、黑胡椒，用棉线绑住牛肉，注意牛肉厚度保持均匀。然后用涂有橄榄油的平底锅，把牛臀肉表面煎成金黄色。 技巧1

2 把 1 稍稍放置一段时间后放入密封袋并真空包装。

3 在锅中煮水，水温达68℃时放入 2，保持水温并煮30分钟左右。 技巧2

4 用冰水使 3 冷却，在冰箱中保存。

5 有点单时，在平底锅上稍微加热 4，切成一片5g 大小并盛盘，配上芝麻菜幼苗即可上菜。

技巧1 **注重牛肉的原味**

为了不让牛肉的香味从肉汁中流失，用大火快速煎牛肉表面非常重要。注意，烧焦的话会有损风味。为了浓缩牛肉香味，使用有一定厚度的牛肉也很重要。

技巧2 **真空煮牛肉浓缩香味**

保持68℃的温度煮牛肉，可使烤牛肉的口感湿润。在真空状态下煮牛肉可保持牛肉香味，也使腌制的盐、黑胡椒等更加入味。

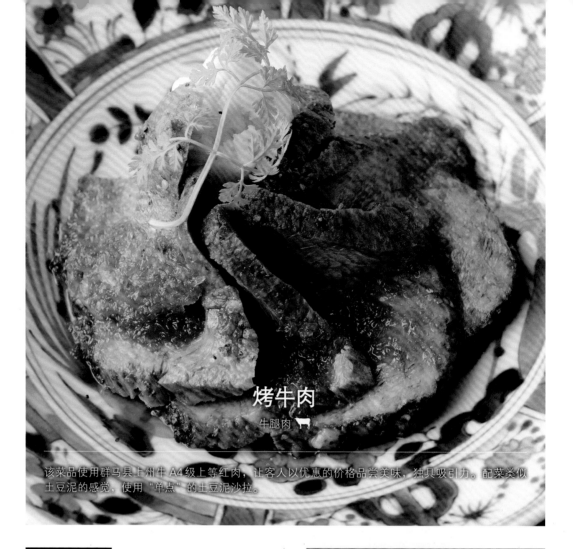

烤牛肉
牛腿肉

该菜品使用群马县上州牛 A4 级上等红肉，让客人以优惠的价格品尝美味，独具吸引力。配菜类似土豆泥的感觉，使用 "单点" 的土豆泥沙拉。

材料（1次烹饪量）

牛腿肉（上州牛）…1kg　盐…8g　黑胡椒…少许
西芹…适量　胡萝卜…适量　洋葱…适量

＜上菜用（1盘分量）＞
烤牛肉…70~80g　土豆泥沙拉…适量
牛排酱汁 ※…适量　细叶芹…少许

做法

1. 在牛腿肉上撒盐、黑胡椒，用平底锅煎至表面金黄色。
2. 把西芹、胡萝卜、洋葱等铺在烤盘上，并把 **1** 置于其上，用200℃的烤箱烤制35~40分钟。取出后用铝箔纸覆盖，以余热继续加热。 技巧1
3. 有点单时，把 **2** 切成片。
4. 在盘中放上土豆泥沙拉 技巧2 和 **3**，配上牛排酱汁，装饰细叶芹。

※ 牛排酱汁
＜材料＞一次加工量
A
　酱油…400mL　日式料酒…800mL
　色拉油…200mL　洋葱（研末）…3个
　萝卜（研末）…1根　大蒜（研末）…10g
　醋…60mL
＜做法＞
在锅中加入材料A并开火煮，煮沸后加醋，待其冷却后冷藏保存。

技巧1　用余热继续加热

用烤箱烤制后，盖上铝箔纸，用余热继续加热，使肉质更加鲜美可口。

技巧2　配菜使用土豆泥沙拉

配菜使用土豆泥沙拉，而非土豆泥。加入 "单点" 的土豆泥沙拉，可提高其价值感，使顾客大快朵颐。

炸牛排

牛后臀肉 🐂

炸到刚刚好的黑毛和牛炸牛排。有点单时，裹上面衣，用160~170℃温度慢慢油炸。自制伍斯特酱汁控制了盐分浓度和黏度，口感清爽，顾客可尽情地蘸取食用。除牛后臀肉外，也可以使用牛腿肉或者羊肉、猪肉。

材料 (1盘分量)

牛后臀肉…120g　盐…适量　低筋面粉…适量
鸡蛋液…适量　面包屑…适量　色拉油…适量
伍斯特酱汁 ※…适量
醋渍酸橘…适量

做法

1 在牛后臀肉上撒盐，滚上低筋面粉。过鸡蛋液，粘上面包屑。

2 把**1**放入160℃的色拉油中炸10分钟左右。炸成外焦里嫩的状态。

3 把**2**切成适当大小，盛盘。配上伍斯特酱汁、**技巧1** 醋渍酸橘即可上菜。

技巧1　自制伍斯特酱汁，提升炸牛排魅力

自制伍斯特酱汁控制了盐分浓度，顾客可尽情地蘸取食用。不仅适合所有油炸食品，也适合与烤肉搭配。

※ 伍斯特酱汁
<材料> 一次加工量
番茄（切成丁）…4个　洋葱（切成丁）…2个
胡萝卜（切成丁）…3根
苹果（切成丁）…2个　大蒜（切碎）…1瓣
生姜（切碎）…1块　水…3L
A
　海带（10cm×10cm）…10片　干香菇…50g
　小杂鱼干…50g
香料（全部罐装）
　黑胡椒…5g　桂皮…5g　丁香…5g
　花椒…5g　月桂叶…4片　肉豆蔻…5g
　朝天椒…2个　陈皮…5g
香草
　鼠尾草、百里香、迷迭香…各适量
浓酱油…400mL　黄蔗糖…350g
醋…200mL　盐…80g
<做法>
1 在锅中加入番茄、洋葱、胡萝卜、苹果、大蒜、生姜和水、材料A，开火煮，煮至汤汁浓缩为原来的2/3。

2 在**1**中加入香料和香草，用小火煮20分钟。

3 在**2**中加入浓酱油、黄蔗糖、醋、盐，煮15分钟左右。撇去中途出现的浮沫。

4 把**3**放置一晚，用密笊篱过滤。再加热煮开即完成。

炸牛肉饼
牛肉末 🐄

炸肉饼肉汁丰富，其原材料不使用小麦粉，调味料控制在最低限度，让顾客充分享受到牛肉的香味。膨松的外皮和松脆的口感，极受欢迎。考虑到与炸肉饼搭配，使用老字号酱油厂家生产的伍斯特酱汁。

材料 (1盘分量)
肉饼＊…100g

天妇罗面衣

└ 天妇罗粉…适量　水…适量

面包屑…适量　色拉油…适量

圆白菜…适量　柠檬…适量

芥末…少许　伍斯特酱汁…适量

做法

1 制作天妇罗面衣。天妇罗粉加水和好。

2 在成形的肉饼上裹上 **1** 和面包屑，技巧 **1** 用160℃的色拉油炸4~5分钟。炸至八九成熟时取出，以余热炸熟。

3 把 **2** 盛盘，点缀上切成丝的圆白菜、切成月牙状的柠檬、芥末，配上伍斯特酱汁。技巧 **2**

※ 肉饼
<材料> 1次烹饪量
　牛肉末…1kg　盐…8g　白糖…6g
　洋葱…1个　黄油…5g　鸡蛋…1个
<做法>
1 大火烧热平底锅，加入黄油，翻炒切碎的洋葱。
2 在碗里按顺序放入牛肉末、盐、白糖、冷却的 **1**、鸡蛋并混合均匀。有黏稠感时，排出其中的空气并捏成1个50g的大小。

技巧 **1** 膨松的外皮

在较大的碗里粘面包屑。为了不弄脏周围的面包屑，把裹有天妇罗面衣的肉饼放在中央，让手上粘的天妇罗面衣落到其上。撒上足量的面包屑，使其裹上膨松的外皮。

技巧 **2** 搭配酱汁

使用具有300多年酱油制造历史的厂家生产的伍斯特酱汁。

牛肉和蓝芝士炸串

牛肉味

在牛肉末中加入蓝芝士制作而成的法式炸串。芝士熔化与肉汁混合，牛肉和蓝芝士的味道结合，形成极具冲击力的浓厚风味。作为与红酒搭配的菜品而开发，因外观简单、味道丰富并且可以从1串起随意点单颇受好评。

材料（30串分量）

A

牛肉末（红肉部分）…1kg

蓝芝士（切碎）…1.5kg

帕玛森干酪（粉末）…50g

白糖…50g　蒜油…70mL

低筋面粉…适量　鸡蛋液…适量　面包屑…适量

色拉油…适量　黑胡椒…适量　芥末…适量

做法

1 把材料 A 混合均匀。捏成棒状，冷冻保存。1 串的分量为50g。技巧1、2

2 在1上撒满低筋面粉，过鸡蛋液，粘上面包屑。

3 把2放在160℃的色拉油中炸3~4分钟，穿在竹签上。技巧3

4 把3盛在盘中，撒上黑胡椒。配上芥末即可上菜。

技巧1 快速上菜

事先加工成形，有点单时油炸即可快速上菜。

技巧2 用蓝芝士增添美味

在原材料中加入芝士，可以增添发酵食品的香味，使其适合搭配红酒。

技巧3 低温油炸，肉汁丰富

在160℃的温油中慢慢油炸，可炸透至内部，保持丰富的肉汁。

牛肉炖锅

和牛里脊肉

作为下酒菜用小铁锅提供的牛肉炖锅，食材简单，包括和牛里脊肉、当地特产千住葱和木棉豆腐。不使用牛油，煎牛肉至其溢出牛油，使牛肉的香味与其他食材均匀混合。牛肉煮到一定程度后加入佐料汁再煮即可，烹饪工序简单。

材料(1锅分量)

和牛里脊肉⋯60g

木棉豆腐⋯1/3块

大葱⋯3段

千住葱⋯适量

鸡蛋⋯1个

佐料汁 ※⋯180~200mL

做法

1 有点单时，在铁锅中加入和牛里脊肉、木棉豆腐、斜切的大葱，开中火慢炖。

2 在和牛里脊肉煮到一定程度时加入佐料汁，煮5分钟左右。

3 在 2 中放入千住葱丝，加上鸡蛋。 技巧1

※ 佐料汁
<材料> 1次烹饪量
　鲣鱼汤汁⋯1080mL　浓酱油⋯180mL
　日式料酒⋯180mL　白糖⋯50g
<做法>
在锅中加入所有的材料煮沸。

技巧1 简单美味

食材和烹饪工序都非常简单，是一道简单可口的菜品。

元气铁板牛杂

牛肚、金钱肚、牛散旦 🐂

该菜品以当日采购的新鲜牛杂为主角。使用多种牛杂可以使其口感和风味令人回味无穷。并且，以酱油为基础的自制佐料汁中加入了足量苹果泥，口感愈发香甜。佐料汁的美妙口感也是这道菜品的关键之处。

材料（1盘分量）

牛肚、金钱肚、牛散旦…30g

洋葱…适量

韭菜…适量

圆白菜…适量

豆芽…适量

芝麻油…适量

自制佐料汁…适量

白芝麻…适量

干辣椒丝…适量

做法

1 将处理过的牛杂沥干水分。

2 把洋葱切成1/4块，韭菜切段，圆白菜切成块，和豆芽一起过水冲一遍。

3 在平底锅里放上芝麻油加热，用大火翻炒 1 。加入 2 并继续翻炒，放入自制佐料汁。 技巧1

4 在事先加热的铁板上放上 3 ， 技巧2 撒上白芝麻，配上干辣椒丝即可上菜。

技巧1 佐料汁中加入足量苹果泥

为了让以酱油为基础的清淡佐料汁更令人回味，加入足量的苹果泥。苹果研成泥时可以稍微粗一些，让佐料汁更容易附着在牛杂上，也让味觉更佳。

技巧2 烧热铁板提升美味度

把铁板加热后，菜品上菜时会发出"吱吱"的响声。其风味自不必说，在上菜时表现出的娱乐性也独具魅力，还有助于激起人们的食欲。

红酒炖牛脸肉

牛脸肉 🐄

用红酒把牛脸肉炖软，把其分成1块60g多点的小份，方便食用。不吝惜炖煮和腌制的时间，忠实于基本的手法花费长时间烹饪，增添其魅力。

材料（100块分量）

牛脸肉…10kg

辛香蔬菜

> 洋葱…1kg
>
> 胡萝卜…0.8kg
>
> 大蒜…1头
>
> 西芹…2棵

红酒…7L

盐…适量

白胡椒…适量

罐装番茄…850g

低筋面粉…少许

番茄酱…200g

香草类（迷迭香、百里香、西芹叶）…适量

<上菜用（1块分量）>

炖牛脸肉…60g

汤汁…适量

红酒…适量

盐…适量

白胡椒…适量

无盐黄油…适量

低筋面粉…适量

土豆泥…60g

做法

1 把辛香蔬菜切成适当大小，放入容器中，加入事先处理好的牛脸肉和红酒。在容器上覆上保鲜膜，密封一整天腌制入味。

2 从腌制液中取出牛脸肉**1**，放在脱水纸上沥干水分。把剩余的辛香蔬菜和腌制液留存起来。

3 在牛脸肉**2**上撒盐、白胡椒，用平底锅煎烤其表面，煎至上色时放到炖锅里。

4 在**3**上放笊篱，一边过滤**2**中的辛香蔬菜和腌制液，一边把液体倒入炖锅中。取出笊篱中的辛香蔬菜，用平底锅翻炒。蔬菜变软时，加入罐装番茄继续翻炒。加入低筋面粉、番茄酱继续翻炒。

⑤加热④中的牛脸肉和腌制液，撇去浮沫。加入迷迭香、百里香、白胡椒继续加热，撇去浮沫。

⑥在翻炒辛香蔬菜的平底锅中加入红酒（分量外）并收汁，把浓缩的汤汁加入⑤。

⑦在⑥中加入西芹叶，盖上烘焙纸做锅盖。在130℃的对流恒温烤箱中加热2.5小时。技巧1

⑧从⑦中取出牛脸肉。过滤剩下的食材，液体留存起来。

⑨把取出的牛脸肉重新放入过滤后的汤汁⑧中，腌制一晚。技巧2

⑩从⑨取出牛脸肉切块，每块60g多点。把剩余的汤汁过滤并保存。

⑪把红酒倒入小锅中，加热挥发酒精。加入汤汁⑩

并收汁，撒上盐、白胡椒调味，加入无盐黄油、低筋面粉加工成酱汁状。

⑫在盘中铺上土豆泥，并把加热过的牛脸肉⑩置于其上，撒上盐。浇上⑪即可上菜。

技巧1 保留牛肉的美味

使用蒸汽对流恒温烤箱，以130℃低温慢慢加热，可使牛脸肉软糯且肉汁不流失。

技巧2 让肉汁回归牛肉

炖煮后，把牛脸肉腌制在汤汁中并放置一晚，可使肉汁回归牛肉，使牛肉肉汁丰富。

红酒炖金钱肚

金钱肚

这是用红酒汤汁把事先处理好的金钱肚炖软的一道菜品，适合喜欢喝红酒的人。把蓝芝士置于其上使其风味更加浓厚，与红酒更为相配。炖煮工序与"红酒炖牛脸肉"一起进行，以节省精力。

材料（1次烹饪量）

金钱肚…4kg　洋葱…1kg　胡萝卜…500g
西芹…250g　迷迭香…2片　欧芹茎…适量
白胡椒（罐装）…适量　岩盐…少许
白葡萄酒…适量　白葡萄酒醋…适量　水…适量

<上菜用（1盘分量）>
炖金钱肚…100g
"红酒炖牛脸肉"（→p.38）的汤汁…适量
红酒…适量　盐…适量　白胡椒…适量
无盐黄油…适量　低筋面粉…适量
土豆泥…60g　戈贡左拉芝士…20g
黑胡椒…适量

做法

1 把金钱肚换水煮沸3次以上，事先处理好。把洋葱、胡萝卜、西芹切成适当大小。在锅中加入金钱肚和蔬菜。

2 在 1 中放入迷迭香、欧芹茎、白胡椒、岩盐、白葡萄酒、白葡萄酒醋，并加水。开大火，沸腾后撇去浮沫，以小火煮3小时左右。 技巧1

3 从 2 中取出金钱肚，切成适当大小，在"红酒炖牛脸肉"（p.37）的第 3 道工序中，和牛脸肉一起加入炖锅中炖煮。 技巧2 在第 8 道工序中取出金钱肚并冷藏保存。

4 在小锅中加入红酒，加热挥发酒精。加入"红酒炖牛脸肉"第 10 道工序中的汤汁并收汁，放盐、白胡椒调味，加无盐黄油、低筋面粉加工成酱汁状。

5 在盘中铺上土豆泥，把加热过的 3 盛于其上，浇上 4 。放上戈贡左拉芝士，撒上黑胡椒即可上菜。

技巧1 冷冻用于各色料理

在第 2 道工序中煮好的金钱肚可以冷冻保存并用于其他料理。

技巧2 减少烹调工序

使用"红酒炖牛脸肉"的汤汁，减少了烹调工序，节省了精力。

波特酒和红酒炖牛尾肉

牛尾肉

炖牛尾肉作为主菜，极具存在感和分量感。腌制2天，重复3次炖煮和静置工序，花费时间和精力烹调，成品保持其形状，同时纤维酥松，极其软糯。腌制和炖煮过程中大量使用波特酒和红酒，成品与红酒极其搭配。

材料（5盘分量）

牛尾肉…2kg　高筋面粉…适量

洋葱…500g　西芹…200g　胡萝卜…200g

波特酒…750mL　红酒…750mL

无盐黄油…25g　盐…适量

黑胡椒…适量　土豆泥…100g

鲜奶油…50mL　凤尾鱼酱…少许

黑胡椒碎末…适量　抹茶粉…适量

做法

1. 在牛尾肉上撒40g盐，与切碎的洋葱、西芹、胡萝卜一起腌在波特酒中，腌制2天时间。
2. 从**1**中取出牛尾肉，过滤把蔬菜和液体分开。
3. 加热液体**2**，撇去浮沫。加红酒，挥发酒精。
4. 在牛尾肉**2**上撒高筋面粉，与蔬菜类**2**一同翻炒。上色后，加入**3**炖煮1.5小时左右。然后，关火静置1.5小时左右。重复3次炖煮和静置的工序。 技巧1
5. 从**4**中取出牛尾肉，用锥形过滤器过滤剩余液体。把牛尾肉和剩余的液体放入保存容器中，冷藏保存。 技巧2
6. 制作凤尾鱼风味的土豆泥。在土豆泥中加入鲜奶油，小火加热熬煮。最后加入凤尾鱼酱。
7. 有点单时，把牛尾肉**5**和液体放入小锅中加热。先取出牛尾肉，盛于盘中。
8. 在剩余液体**7**中加入无盐黄油，稍微收汁后，用适量的盐、黑胡椒调味，浇于牛尾肉上。配上**6**，撒上黑胡椒碎末和抹茶粉即可上菜。 技巧3

技巧1　重复3次炖煮和静置的工序

第**4**道工序中，一次性炖煮牛尾肉会导致肉纤维软烂，不成肉块。重复长达1.5小时的3次炖煮和静置工序，可以保持形状，炖至软糯。

技巧2　汤汁的油分有助保存

汤汁表面漂浮了很多油分。油分有助于保存，不需要去除，可直接使用。可以冷藏保存10~14天时间。

技巧3　盛盘时撒上抹茶粉

撒上抹茶粉，增添其苦味和香气。外观色彩漂亮，具有吸引力。

佛罗伦萨风味炖牛杂

金钱肚、牛散旦、和牛肉块 🐄

烹饪过程中，该炖牛杂不断添加原有汤汁。其风味醇厚浓重，仅凭技巧无法烹饪调制，深受好评，已成为该店招牌菜品。不仅仅添加炖牛杂，还使用前一天的汤汁烹饪新鲜炖牛杂，使其与之充分融合。

材料（1次烹饪量）

A

金钱肚…3kg

牛散旦…3kg

和牛肉块…1kg

辛香蔬菜（带皮大蒜、洋葱、胡萝卜、西芹、欧芹茎）…

适量

B

红酒…180mL　红玉波特酒…600mL

水…600mL　蜂蜜…适量

多明格拉斯酱汁…240g　鸡汤…10g

八丁味噌…90g　浓酱油…150mL

牛奶…1500mL　迷迭香…3片

＜上菜用（1盘分量）＞

炖牛杂…190g

新品土豆（对半切开）…1个　洋葱…1/2个

做法

1 把A中金钱肚和牛散旦水洗后切成一口大小的细长条状。牛肉块也切成同样形状。加入辛香蔬菜，途中换水3次，煮6小时直至其变软。 技巧1

2 在另外的锅中混合B中红酒和红玉波特酒并煮开，挥发酒精。酒精挥发后，把B中剩余的材料全部加入锅中，煮至其量浓缩至原来的2/3。

3 把2浓缩的汤汁加入前一天的"炖牛杂"锅中，混合均匀。 技巧2

4 在锅中加入肉类1，加入适量的3，开小火炖1小时左右，使其入味。

5 把4再次放回前一天的"炖牛杂"锅中。每天重复该工序，不断添加前一天的炖牛杂来调整新鲜炖牛杂口味的浓郁度和鲜美度。 技巧3

6 有点单时，在容器中加入煎烤过的新品土豆和洋葱，盛上加热过的"炖牛杂"5。

技巧1　用牛肉块使炖牛杂口味浓厚

仅使用牛杂在口味上会有所不足，通过加入和牛肉块，可以使其口味浓厚、鲜美，最终烹调成味道浓厚的炖牛杂。

技巧2　添加汤汁

添加汤汁分为两个阶段。先是把新鲜制作的汤汁加入前一天的"炖牛杂"锅中，混合均匀。然后，用其炖煮新鲜的牛杂和牛肉，以保持汤汁特定的风味。

技巧3　添加"炖牛杂"

新鲜的"炖牛杂"是在前一天的"炖牛杂"基础上炖煮而成的。通过添加前一天的"炖牛杂"可以调制出浓厚的口感，这种口感是仅添加新鲜炖牛杂无法做到的。

和牛小肠炒芋头

小肠 🐄

为了充分发挥小肠的独特口感，加入带有黏性的芋头，做出浓厚的口感。马尔萨拉酒和洋葱对味道有决定性的作用，决定着整体的口感，不可缺少。油脂丰富的小肠的预处理也很重要，要仔细地进行。

材料（1次烹饪量）

和牛小肠…1kg

洋葱、胡萝卜、西芹…各适量

水…适量

盐…适量

芋头…0.5kg

橄榄油…适量

马尔萨拉酒…适量

黑胡椒…适量

碎欧芹…适量

做法

1. 把和牛小肠在水中煮开后，用水冲一遍。在锅中加水，放入小肠、切成大块的洋葱、胡萝卜、西芹、盐，撇去浮沫，再次煮20分钟左右，去除膻味。
2. 捞出 1 中的小肠，切成2cm长短，在平底锅中翻炒去除油脂。 技巧1
3. 把芋头煮至竹签可穿过的程度，用笊篱捞出并剥皮。
4. 在放有橄榄油的平底锅中加入150g切成细丝的洋葱，撒上盐和黑胡椒，翻炒至金黄色。 技巧2 此时加入马尔萨拉酒。
5. 把 2 和 3 放入锅中，加入 4 翻炒并加盐调味。
6. 把 5 盛在盘中，撒上碎欧芹即可上菜。

技巧1 翻炒去除脂肪

将小肠煮过后再次用平底锅翻炒，去除多余的脂肪，这样就不会在吃到最后一口时感觉"好腻啊"。翻炒至微微发焦，有助于增添风味，使其更加美味。

技巧2 翻炒洋葱时保持其形状

加入马尔萨拉酒翻炒切成细丝的洋葱时，尽可能地充分翻炒以发挥洋葱的香味。此时，要注意保持其形状。洋葱浓厚的口感与小肠非常搭配，这是成功烹饪该菜品的秘诀。

炖牛散旦

牛散旦 🐄

炖牛散旦以牛的第4个胃（牛散旦）为主角，其风味清淡。牛散旦炖煮4小时直至软糯，上菜时切片和辛香蔬菜一同加热。盛盘时放上足量的水田芹，撒上哥瑞纳－帕达诺粉末奶酪、柠檬皮碎末、特级初榨橄榄油。

材料（8盘分量）

牛散旦…1kg　水…适量　迷迭香…1片
百里香…1根　罗勒…1根　小番茄…1个
洋葱…1/2个　西芹…1/2根
胡萝卜…1/4根

＜上菜用（1盘分量）＞

牛散旦…120~130g　汤汁…适量　大葱…适量
意大利欧芹…适量　小番茄…1/2个
盐…少许　水田芹…适量
哥瑞纳－帕达诺粉末奶酪…适量
柠檬皮…少许　特级初榨橄榄油…适量

做法

1. 把洋葱剥皮切成适当大小。西芹和胡萝卜切成适当大小。

2. 牛散旦水洗后处理干净。放入锅中，加水没过牛散旦，开大火煮。煮沸后改小火炖煮2小时。

3. 取出 2 放入另外的锅中并加水，大火加热。煮沸后改小火，撇去浮沫，加入 1 、迷迭香、百里香、罗勒、小番茄，炖煮2小时。

4. 上菜时，把牛散旦切片，和汤汁一起放入小锅中。加入大葱末和意大利欧芹、切成4块的小番茄，加热。

5. 把 4 盛盘并撒上盐，把水田芹置于其上。
   技巧 1 撒上哥瑞纳－帕达诺粉末奶酪、柠檬皮碎末和特级初榨橄榄油。

技巧 1 放上足量的水田芹

放上足以遮挡牛散旦的足量水田芹，强化外观印象。

红酒炖新鲜牛杂

牛散旦、小肠、牛筋、牛腱子肉

外观上即可知是口感浓厚的居酒屋流派炖牛杂。使用大量的红酒炖煮，用日式料酒和酱油、赤味噌等和风调味料烹调出令人备感亲切的味道。使用牛散旦和小肠等牛杂。事先把牛散旦充分炖出味道，炖好后加入小肠发挥牛杂的风味和香味。

材料（1次烹饪量）

牛散旦…2kg

牛筋、牛腱子肉（边角肉等）…1kg

小肠…1kg

红酒…1L

水…1L

辛香蔬菜…适量

汤汁

　炖煮牛散旦的汤汁…1L　清酒…500mL

　日式料酒…400mL　酱油…100mL

　赤味噌…70g

做法

1 把牛散旦煮沸后撇去浮沫。将牛散旦和辛香蔬菜一起放入锅中，注入红酒和水，用小火炖2~3小时。 技巧1

2 煮沸牛筋和牛腱子肉，撇去浮沫。切成一口大小。 技巧2

3 取出1中的牛散旦，切成一口大小后放回锅中。加入2中的全部牛肉和做汤汁的材料，小火炖

1~2小时。炖煮过程中撇去浮沫。

4 煮好的30分钟前，在3中加入切成一口大小的小肠继续炖煮即可完成。

5 上菜时，把4放在小锅中加热后转移到上菜的砂锅中，开火煮到"咕噜咕噜"时即可上菜。

技巧1 充分炖煮牛散旦

该店的炖牛杂主要使用异味小、带有奶香的牛散旦。新鲜牛散旦用开水煮沸后撇去浮沫，然后用红酒和水充分炖煮出其味道。炖煮牛散旦的汤汁是汤汁的基础。

技巧2 使用边角肉使其风味浓厚

加入牛筋和牛腱子肉使炖煮牛杂风味浓厚。使用处理高级和牛时产生的边角肉和碎肉块，可以减少浪费。

47

芝士焗牛杂

金钱肚、牛散旦、小肠

这是一款颇具人气的创新型料理，展现了牛杂的多彩魅力。使用金钱肚和牛散旦、小肠做成的芝士焗牛杂，把牛杂香味和风味融于回味无穷的清汤之中，口感独一无二。同时，其魅力也在于该菜品分量足以让人大快朵颐。

材料 (1锅分量)

金钱肚、牛散旦、小肠…各4~5块
盐、黑胡椒…各适量
法式糖渍洋葱…120g
法式清汤 ※…360mL
番茄（切方块）…1/8个
法式长棍面包（切片）…8片
橄榄油…适量
碎奶酪…40g
碎欧芹…适量

做法

1. 准备好事先处理过的金钱肚、牛散旦、小肠，切成一口大小，撒上盐、黑胡椒。
2. 烧热平底锅，加入**1**翻炒。牛杂会出油，锅中不需要放油。**技巧1**
3. 在锅中加入法式清汤和法式糖渍洋葱并加热，加入**2**，煮沸后撇去浮沫。
4. 在烤盘中放入番茄，**技巧2** 加入**3**，放上淋有橄榄油的法式长棍面包片，撒上碎奶酪，放入230℃的烤箱烤制15分钟。上菜时撒上碎欧芹。

※ 法式清汤
用肉汤将鸡肉末、牛腱子肉、辛香蔬菜、洋葱、番茄等熬煮1.5小时。冷却至50℃时放入蛋清，开微火煮30分钟，用锥形过滤器过滤出清汤。

技巧1 牛杂翻炒出香味

把牛杂汤里的牛杂事先翻炒至表面金黄香郁中间松软的状态，再放入法式清汤中。把牛杂翻炒出香味，可以使汤汁味道浓厚。

技巧2 利用番茄的酸味提鲜

牛杂与番茄搭配，可以减轻牛杂的异味。因为要利用新鲜的酸味，所以番茄不需要炖煮。

派皮风红酒炖牛肉

牛五花肉

在居酒屋经典菜品"红酒炖牛肉"上盖上派皮,使人耳目一新。风味浓厚的红酒炖牛肉搭配口感酥脆的派皮,极其适合红酒。牛五花肉细火慢炖,直至口感软糯。在调味时加入细砂糖提鲜。

材料（15份分量）

牛五花肉…2kg 洋葱…1个 薤白…100g

胡萝卜…1根 红酒…1500mL

白兰地…100mL 迷迭香…3片 盐…适量

黑胡椒…适量 橄榄油…适量

纯净水…1500mL 培根…160g

小洋葱…1kg 松伞蘑…300g

番茄酱〔罐装〕…180g 细砂糖…适量

< 上菜用（1份分量）>

红酒炖牛肉…210g

水、牛肉清汤、盐、黑胡椒、细砂糖…各适量

派皮…1张 蛋黄…适量

做法

1 把牛五花肉切成2cm大小的块状。把洋葱、薤白沿着和纤维垂直的方向切成丝。把胡萝卜竖切成4块,然后放平切成薄片。把以上食材加入圆柱形锅中,注入红酒、白兰地,放入迷迭香,腌制1天。

2 用笊篱过滤**1**,分开牛肉、蔬菜、腌制液（炖煮的时候使用）。

3 加盐、黑胡椒、橄榄油翻炒**2**中的牛肉。蔬菜也用橄榄油翻炒均匀。

4 把**3**放入锅中,加入腌制液和水,撇去浮沫炖煮2小时。

5 把培根切成1cm大小的块状,小洋葱去皮沿着和纤维垂直的方向切块,松伞蘑切成4等份。

6 先翻炒培根,上色后加入小洋葱和松伞蘑,翻炒均匀,然后放入已经炖煮2小时的锅中,加入番茄酱,继续炖煮2小时。

7 炖好后,加盐、黑胡椒、细砂糖调味,在常温下冷却,然后冷冻保存。**技巧1**

8 上菜时,在锅中放入1份分量（210g）加热,加水、牛肉清汤、盐、黑胡椒、细砂糖调味后盛入盘中。把派皮盖于其上,涂抹蛋黄,放入230℃的烤箱中烤制6分钟。**技巧2**

技巧1 冷冻保存谋求节省精力

"红酒炖牛肉"颇费时间和精力,故事先烹调好冷冻保存。使用时,取出所需分量简单料理一番即可。

技巧2 盖上派皮增添酥脆感

在居酒屋经典菜品"红酒炖牛肉"上盖上派皮,极具创意。酥脆的派皮融合红酒炖牛肉的浓厚口感,不仅与红酒搭配,与各国的啤酒也极为搭配。

牛筋炖萝卜

牛筋肉、牛蹄筋 🐄

该菜品用烧热的陶板盛放，上桌时还在"咕嘟咕嘟"地沸腾着。这种"咕嘟咕嘟"沸腾的感觉让周围的顾客也不由得想要点单。把牛筋肉和牛蹄筋以2：1的比例混合，在富有韧劲的口感上加入富有柔滑弹力的口感，使其更具风味。把牛筋肉和牛蹄筋分别煮软，再与萝卜一起炖煮入味。

材料（约24人份）

牛筋肉…4kg

牛蹄筋…2kg

萝卜…3根

大葱、生姜、清酒…各适量

汤汁

├ 鲣鱼汤汁…适量

└ 酱油、日式料酒、白砂糖…各适量

葱白丝…适量

一味辣椒粉…适量

做法

1. 在牛筋肉中加入大葱、生姜和清酒，煮1~2小时直至软烂，然后切成易于食用的大小。
2. 在牛蹄筋加入大葱、生姜和清酒，煮3~4小时。软烂后，切成易于食用的大小。
3. 把萝卜切成易于食用的大小，焯水。
4. 把 1 ~ 3 混合，加入汤汁的材料，煮30分钟直至入味。冷却后分成小份，放入密封容器中，冷藏保存。 技巧 1
5. 使用时，把 4 放入锅中加热，同时把陶板也放在火上加热。在把牛筋萝卜煮到"咕嘟咕嘟"沸腾时即盛于陶板中，放上葱白丝，趁热上菜。 技巧 2 添加辣椒粉。

技巧 1 分成小份保存

烹调需要一定的时间，所以一次性大量烹调，然后分成3~4份保存。一份一份取出使用。

技巧 2 用热乎乎的容器上菜

"咕嘟咕嘟"沸腾的感觉可以提升心中的好感，所以上菜的容器也需要放在火上加热。容器使用不易冷却的陶板。

炖牛舌筋

牛舌筋 🐄

把牛舌筋炖煮软烂，不单独上菜，而是搭配土豆泥沙拉、煮油菜一起上菜，让人觉得分量很足。配菜往往容易剩下，该菜品精选清爽可口的配菜，让人尽享美味。彼此口味互搭也是重点。

材料（1次烹饪量）

牛舌筋…4kg

水…适量

荞麦面汤汁 ※…4L

汤汁（鲣鱼干、海带）…4L

砂糖…40g

< 上菜用（1盘分量）>

炖牛舌筋…80g

土豆泥沙拉 ※※…适量

葱白丝…适量

煮油菜 ※※※…适量

芥末…少许

做法

1 把牛舌筋切成适当的大小。

2 在方形容器中加入水、1，放入100℃的蒸汽对流恒温烤箱中加热4~5小时。软烂后，取出并切成一口大小。

3 在锅中加入荞麦面汤汁、汤汁、砂糖、2，大火加热。沸腾后改中火煮1小时。在常温下冷却，转移到容器中冷藏保存。

4 上菜时，在盘中依次放上土豆泥沙拉、3、葱白丝、煮油菜，配上芥末。 技巧1

※ 荞麦面汤汁
<材料>一次烹饪量
A
　鲣鱼汤汁…720mL　浓酱油…180mL
　日式料酒…180mL　粗糖…35g
　青花鱼干…50g
<做法>
在锅中放入材料A，大火加热。在沸腾前加入青花鱼干，停火过滤。

※※ 土豆泥沙拉
<材料>一次烹饪量
　土豆…20个　盐…20g　黑胡椒…适量
　砂糖…30g　蛋黄酱…420g　水煮鸡蛋…5个
<做法>
土豆蒸熟研成泥，在碗中把盐、黑胡椒、砂糖、蛋黄酱、切碎的水煮鸡蛋一起混合均匀。

※※※ 煮油菜
<材料>
　油菜…适量　胡萝卜…适量
　丛生口蘑…适量　油炸豆腐…适量
　腌制液（鲣鱼汤汁、淡酱油和日式料酒按照10：1：1的比例混合）…适量
<做法>
水煮油菜、胡萝卜、丛生口蘑、油炸豆腐，并在腌制液中腌制一晚。

技巧1 精心搭配提升分量感

通过精心盛盘来提升分量感，再搭配清爽可口的配菜，让它看起来量足味美。

清炖黑毛和牛牛筋肉

牛筋肉

放上大量萝卜泥，使顾客能够品尝牛筋的浓厚口感直至最后一口。水煮牛筋时多放盐，并且添加口感重的酸橙酱油，使该菜品也可以作为下酒菜。

材料（10盘分量）

牛筋肉…1.5kg

水…适量

盐…3大勺

萝卜…适量

酸橙酱油…适量

葱叶…适量

辣椒粉…适量

干辣椒丝…适量

做法

1 把牛筋肉烧水煮沸后，用水冲洗一遍。在锅中加入水和盐，再次把牛筋肉放入其中，开中火煮20分钟左右使其变得软糯。技巧1 煮过的牛筋肉用笊篱取出后，冷藏保存。

2 把萝卜研成泥，过水。技巧2

3 上菜时，把1切成一口大小，盛在盘中。把沥干水分的2和切成圈的葱叶、干辣椒丝置于其上，撒上辣椒粉和酸橙酱油即可上菜。

技巧1 用中火慢慢炖煮

为使牛筋肉不变硬，用中火慢慢炖煮。但是，需要注意，如果时间过长的话，会有损牛筋肉的味道。煮牛筋肉时，略多放盐，使该菜品可以作为下酒菜。

技巧2 萝卜泥过水

为使萝卜泥的余味清淡，把其放在容器中过水。盛于盘中时，一定要去除水分。萝卜泥量要足，看起来才比较鲜美。

猪肉

31种

带皮猪五花肉肉卷

猪五花肉、猪背油 🐷

这是使用优质带皮五花肉制作的肉卷。肉卷是在五花肉中填入肉馅的料理。该菜品中的肉馅是剁碎的猪瘦肉边角肉和猪背油，并加入香料调味。与辛香蔬菜一起细火慢炖，油脂适当溢出，猪皮也会变软。

材料（一根分量）

带皮猪五花肉…1/2块
盐、白胡椒…各适量
填充肉馅
　　猪五花肉的瘦肉部分…适量
　　猪背油…适量
　　盐、白胡椒、蒜粉…各适量
水…适量
大蒜（带皮）…2头
辛香蔬菜（洋葱、胡萝卜、西芹叶）…适量
香料（黑胡椒、白胡椒、香菜籽、百里香、迷迭香、朝天椒、八角）
…适量

＜上菜用（1盘分量）＞
肉卷…200g
配菜（香菇、玉米笋、西兰花、四季豆、红心萝卜）…适量
盐…适量
调味酱汁…适量
芥末粒…适量
土豆泥…适量
白胡椒…适量

做法

1. 把带皮猪五花肉的瘦肉部分细细片下，使其厚度均匀。片下的瘦肉用作肉馅。
2. 在猪五花肉 **1** 上撒满盐和白胡椒，猪皮朝外卷成肉卷，用保鲜膜包裹好，放入冰箱中腌制2天。
   技巧 **1**
3. 把腌制好的猪五花肉 **2** 放入水中，置于流动的水下仔细清洗，洗去盐，去除水分。

4. 在锅中放入足量的水，加入大蒜和辛香蔬菜，开火煮。
5. 准备肉馅。把 **1** 中片下的瘦肉剁成肉末，与剁成肉泥的猪背油混合在一起，加入盐、白胡椒、蒜粉，搅拌均匀。
6. 把猪五花肉猪皮朝下展开放好，把肉馅 **5** 铺展均匀，并从自己这边开始如包裹肉馅一般卷成肉卷。

7 展开一张质地较厚的布，把6置于其上，从边缘开始卷起，为保持肉卷的形状，用粗棉线绑起来。

8 步骤4中的锅沸腾后，将7连布一起放入，加盐。再次沸腾后，仔细撇去浮沫，加入香料。为避免肉卷浮起来，用盘子压入水中并盖上锅盖煮3~4小时。 技巧2

9 在猪五花肉变软后直接放凉。放凉后取出切块，每块约100g，分别用保鲜膜包裹好并冷冻保存。 技巧3

10 使用时，取出9，放入无油的平底锅中煎。表面呈金黄色后，放入200℃的烤箱中烤6分钟。

11 配菜翻炒后，加盐。

12 调味酱汁由波特酒、小牛高汤、红葡萄酒醋做成。加热后放入芥末粒即可。

13 在盘中浇上12，放上事先加热的土豆泥，盛上10、11，撒上白胡椒即可上菜。

技巧1 卷成卷状腌制

带皮猪五花肉腌制入味是必须进行的工序。在展开的状态下腌制的话会比较占地方，因此卷成卷状，并用保鲜膜包裹好。

技巧2 用布包好入锅煮

煮的过程中猪皮会变软，因此用布包裹好后，再用粗棉线绑住肉卷，可以在煮的过程中保持其形状。这样就可以煮出漂亮的形状，不用担心肉卷会散开。

技巧3 切块冷冻保存

煮好后的肉卷切块，每块都用保鲜膜包裹冷冻保存。使用时，取出并将表面煎至酥脆。

酱拌伊比利亚猪肉

猪梅花肉 🐷

伊比利亚猪肉和北非的调味料哈里萨辣椒酱组合在一起，极具特色。哈里萨辣椒酱为自制，把辣椒和香菜籽等各种香料类混合均匀制作而成，恰到好处的辛辣和香料的辛香是其特征。把猪梅花肉切成大块，用平底锅煎好，盛盘时用哈里萨辣椒酱拌匀。也可以改用鸡腿肉。

材料（1盘分量）

猪梅花肉（伊比利亚猪）…150g

盐…适量

白胡椒…适量

色拉油…适量

哈里萨辣椒酱※…适量

做法

1 猪梅花肉用盐、白胡椒预先调味。

2 在平底锅中加入色拉油，把 1 煎至表面酥脆。

3 把 2 切成适当大小，用哈里萨辣椒酱拌匀即可上菜。 技巧1

※ 哈里萨辣椒酱

<材料> 1次加工量

香菜籽、孜然、小茴香、八角、辣椒圈…各适量

胡萝卜泥…少许 橄榄油…适量

<做法>

1 在锅中翻炒香菜籽、孜然、小茴香、八角、辣椒圈。

2 炒出香气后，在 1 中加入胡萝卜泥、橄榄油，呈泥状时即完成。

技巧1 哈里萨辣椒酱适合搭配肉类

哈里萨辣椒酱是混合辣椒和香料类的糊状调味料。突出辣椒的辛辣和香料的辛香，适合搭配大部分的肉类，尤其是有油脂的部位。

伊比利亚烤猪排

猪排骨

为了让顾客品尝到伊比利亚猪排的鲜美味道，事先处理排骨时沿着排骨把上面的肉切开，此处尤其考验刀工。搭配猪排的香浓味道，仔细拌入蜂蜜和巴萨米克醋、酱油，腌制一晚。把猪排置于烧烤板上烤至金黄，中途散发的香气和烟雾会在店内飘散开来，勾起顾客的食欲。

材料（6盘分量）

猪排骨（伊比利亚猪）…半扇猪排的分量

腌制液

　蜂蜜…适量

　巴萨米克醋…适量

　酱油…适量

　蒜香橄榄油…适量

迷迭香…5～6枝

＜上菜用（1盘分量）＞

腌制的猪排…6根

什菜沙律…适量　日晒盐…适量

做法

1 猪排骨使用去除多余脂肪的带骨五花肉。在排骨之间下刀，一根根切开。

2 沿着切开的排骨下刀，把肉切开。 技巧1

3 把猪排骨 2 放入盆中，按顺序加入腌制液所用的调味料，并用手充分搅拌。放上迷迭香，放置一晚。 技巧2

4 使用时，把腌制过的猪排骨 3 置于烧烤板上烤。 技巧3

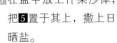

5 整体烤至喷香上色后，放入200℃的烤箱中烤2分钟。翻面再烤1分钟。

6 在盘中放上什菜沙律，把 5 置于其上，撒上日晒盐。

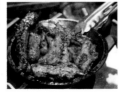

技巧1 把猪排骨上的肉切开

这种方法可以让顾客充分享受美味。为了让顾客更好地品尝排骨上面筋肉和油脂的美味，沿着排骨下刀把上面的肉切开。这样做使排骨易于烤熟和入味。

技巧2 充分入味

调味料一种一种添加，仔细搅拌均匀后再加下一种。调味料的味道充分入味，就能品尝到浓厚的猪排风味了。最后加入蒜香橄榄油，烤出的猪排风味、光泽俱佳。

技巧3 排骨的香气和烟雾有助于追加点单

在烧烤板上烤猪排骨，猪排骨烤时散发的香气和烟雾会在店内飘散开来。这种感觉会是极具魅力的活招牌，有利于增加点单。

酱汁风味烤里脊肉

猪里脊 🐷

首先要向初次来店的顾客推荐的便是这道简单又有分量感的烤猪里脊。为了让顾客感受到居酒屋的轻松氛围，招牌菜品以性价比高、口味上有把握的猪肉为主。该菜品使用肉质清甜、脂肪量少的茨城县产的高品质瑞穗芋猪。

材料（1盘分量）

猪里脊肉（瑞穗芋猪）…350g

盐、黑胡椒…各适量

大蒜（带皮）…3瓣　橄榄油…适量

配菜（小洋葱、绿辣椒、松伞蘑）…适量

波特酒酱汁…适量　土豆泥…适量

做法

1. 把猪里脊肉切成350g的块状。厚度约3cm。

2. 在 **1** 上撒上盐、黑胡椒，在烧热的锅中从脂肪厚的部分开始煎。大蒜连皮放入平底锅中。把脂肪部分压向锅底煎至喷香，然后煎另一面。 `技巧1`
3. 整体上色后，加入足量的橄榄油，把油浇在里脊肉上使其充分上色。 `技巧2`
4. 充分上色后，把蒜瓣置于其上，放入200℃的烤箱中烤8分钟。取出后放置5分钟，再次放入烤箱中烤6分钟。可将铁扦穿过里脊肉中心部分，确认烤制的状况。

5. 配菜翻炒后，撒上盐。
6. 加热波特酒酱汁和土豆泥。

7. 在盘中铺上酱汁 **6**，放上土豆泥，盛上 **4** 和 **5**。给客人看过成品后，在厨房把肉切成易于食用的大小，并撒上黑胡椒即可上菜。 `技巧3`

`技巧1` 把脂肪部分煎黄

最开始充分煎脂肪部分，使油脂溢出，让脂肪部分因香气和口感而变得易于食用。

`技巧2` 一边浇橄榄油一边煎

整体煎至喷香后，加入橄榄油，一边浇油一边煎。一边浇油一边煎可以防止里脊肉变硬，并且，充分煎里脊肉使其上色，成品会令人食欲大发。

`技巧3` 让客人看见成品肉块后切片

烤好的里脊肉块直接盛盘，让客人看见肉块后再切成易于食用的大小，并再次送到餐桌上。这样可以让客人从视觉上享受大快朵颐的满足感。

招牌猪肉排

猪梅花肉 🐷

猪排使用群马县上州溪流猪肩胛部位的梅花肉，肉质清甜，含有适量的油脂和肉筋。用烹饪的平底锅上菜，可以让顾客感受到猪排热乎乎地发出"咝咝"响声的感觉。含有黄油和白葡萄酒的肉汁更能衬托肉的鲜美。加入足量色拉调味汁拌好京水菜和豆苗，展现营养、健康的感觉。

材料（1份分量）

猪梅花肉（上州溪流猪）…250g

盐…适量　白胡椒…适量

花生油…10g　黄油…20g

白葡萄酒…200g　水瓜柳…20粒

京水菜…适量　豆苗…适量

色拉调味汁※…适量　黑胡椒…适量

做法

1. 在猪梅花肉表面撒盐和黑胡椒。
2. 在厚底的平底锅中放入花生油，大火烧热。技巧1、2 放入1，表面煎上色后，改小火。梅花肉八成熟时，取出放置在温暖的地方。

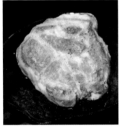 

3. 倒掉锅中的油，放入黄油，开中火。把2重新放入锅中，把熔化的黄油浇在梅花肉的表面，然后再次把肉取出。

4. 在3中倒入白葡萄酒，把粘在锅底的肉汁煮化，煮至水分完全蒸发。
5. 把3中取出的猪梅花肉切成小块重新放入4中，加入水瓜柳，技巧3 把收汁后的肉汁浇在梅花肉上。

6. 在盆中加入京水菜、豆苗，浇上色拉调味汁并拌匀。
7. 把6盛于5上，在梅花肉上撒上黑胡椒。

※ 色拉调味汁
<材料>一次的加工量
A
| 白葡萄酒醋…30g　柠檬汁…30g
| 纯橄榄油…125g
| 特级初榨橄榄油…125g　盐…4g　白胡椒…适量
<做法>
在容器中加入材料A，用搅拌棍搅拌均匀。

技巧1　使用锅底厚的平底锅

使用热效率高的厚底平底锅，可以充分对肉块中心部分加热。

技巧2　使用花生油

使用花生油，充分发挥素材的原味。

技巧3　使用水瓜柳减轻油腻感

把多用于鱼类料理的水瓜柳用于肉类料理。猪肉胶质丰富，放上水瓜柳可以减轻梅花肉的油腻感。

串烧猪头肉

猪头肉 🐷

这是把烤串必备的猪头肉按西式方法进行加工的一道菜品。把大块的猪头肉穿在铁扦上，炙烤出香气后纵向切成两半，可以品尝到烤制酥脆的部分和肉汁丰富的部分两种口感。用蒜油、盐、混合香料调味后炙烤，蘸取冬葱芝麻油酱汁食用。

材料（1盘分量）

猪头肉…120g

蒜油…适量

盐…适量

混合香料…适量

冬葱芝麻油酱汁 ※…适量

※ 冬葱芝麻油酱汁
<材料> 1次加工量
　冬葱…1束　盐…适量　芝麻油…适量
　花生油…适量
<做法>
冬葱在加盐的开水中过水，放入冰水中。去除水分后，和芝麻油、花生油一起放入搅拌机中搅成酱汁状。

做法

1 把猪头肉切成块，每块约40g，再切成3小块并穿在2根铁扦上，在肉两面刷上蒜油，并且在两面撒上盐和混合香料。

2 把 **1** 放在烧烤板上两面各烤8分钟，纵向对半切开。 技巧**1**

3 在盘中放上冬葱芝麻油酱汁，技巧**2** 盛上 **2**。

技巧**1**　斜切增大断面面积

纵向切开烤串的时候，斜着切可以增大断面面积，让烤串看起来汁多味美。

技巧**2**　冬葱芝麻油酱汁是关键

最开始在烤串上加上葱花，但这种方法过于突出葱花，所以变成了蘸取用芝麻油、花生油、冬葱等做成的酱汁食用的形式。冬葱、芝麻油、花生油的复合风味衬托了猪头肉的鲜美，视觉上也更加美观。

三烤猪里脊肉

猪里脊肉 🐷

里脊肉完全烤熟，鲜嫩可口。炙烤的秘诀在于细致的炙烤方法。首先，在烤箱中烤制，取出来放置一段时间利用余热使其熟透。其次，用平底锅把猪里脊煎出香气。最后，用喷烧枪熔化油脂，使其口感酥脆。除了坚果番茄酱，还可以使用青番茄酱汁和橄榄酱汁等。

材料（1盘分量）

猪里脊肉（麦富士猪）…160g

蒜香橄榄油…适量　盐…适量　白胡椒…适量

橄榄油…适量　坚果番茄酱※…适量

配菜（土豆泥、番茄煮鹰嘴豆、煎炒香菇）…适量

碎欧芹…适量

做法

1 在猪里脊肉上刷上蒜香橄榄油，撒上盐和白胡
椒，放入210℃的烤
箱中烤制。烤制3分
钟后，翻面继续烤
3~4分钟。技巧1

2 1的表面微微渗出血
时，从烤箱中取出并
放置在温暖的地方约
5分钟。

3 在平底锅中烧热橄
榄油，用大火煎2的两面直至上色，并且用
喷烧枪仔细炙烤油脂部分，去除多余的油脂。
技巧2、3

4 把3切成易于食用的厚度，盛于盘中，浇上坚
果番茄酱，撒上碎欧芹。添上配菜。

※ 坚果番茄酱
<材料> 1次加工量
杏仁粉…50g　大蒜…1瓣
橄榄油…适量　红辣椒（大）…1个
A
　干番茄…100g　纯橄榄油…30g
　红辣椒粉…1小勺　盐…1小勺
　白胡椒…适量　细砂糖…适量
鸡汤…适量　盐、白胡椒…各适量
<做法>
1 在平底锅上放油，用小火炒香蒜瓣，加入杏仁粉翻炒。
2 在燃气台上放烤网，烧烤红辣椒。烤好后放入装有
冰水的碗中，去皮去籽。
3 把材料1、2、A放入搅拌机中搅拌。
4 在3中加入适量的鸡汤，调至适当的浓度，加盐、
白胡椒调味。

技巧1　最开始用烤箱加热

烤猪里脊时，为保持肉质湿润，分三个阶段进行
烧烤。最开始用烤箱加热，慢慢烤熟。随着里脊
肉被烤熟，表面会渗出血。呈现这种状态后，把
肉取出放置一会，让肉汁冷却下来。

技巧2　用平底锅煎至酥脆

为突出里脊肉里面
肉汁丰富的感觉，
把外部煎至酥脆。
用大火把里脊肉煎
香，口感也变得富
有韧劲。

技巧3　用喷烧枪炙烤油脂部分

为了让顾客更容易
品尝到猪肉油脂的
美味，用喷烧枪仔
细炙烤油脂部分，
去除多余的油脂。
这种方法让里脊肉

口感酥脆，即使是不爱吃肥肉的人吃起来也毫无
抵抗感。

豪爽炙烤三元猪五花肉

猪五花肉 🐷

以160g的肉块提供品牌猪五花烤肉，因实惠、分量大而备受欢迎，可以作为招牌菜品。整块购入猪五花肉，油脂和厚度适中的部位正适合该菜品。猪五花肉事先用香草和岩盐腌制入味。

材料（18盘分量）

猪五花肉*⋯约3kg
岩盐⋯60g
月桂叶⋯1.5g
迷迭香（仅叶的部分）⋯6g
青柠⋯适量
细叶芹⋯适量

做法

1. 在五花肉的表面抹上岩盐、月桂叶、迷迭香，用保鲜膜包好冷藏腌制2天。 技巧1

2. 撕去保鲜膜，在流动的水下冲洗15~20分钟，洗去盐分。晾干水分后，切成1盘分量（160g），用保鲜膜包裹冷藏保存。

3. 上菜时，在烧烤架上把2的表面烧烤至上色。难以上色的地方可以用喷烧枪炙烤。在250℃的烤箱中加热4分钟左右，把肉烤透。

4. 把3盛在盘中，配上青柠，装饰上细叶芹。 技巧2

＊猪肉整块（4~5kg）购入。图片左侧油脂多且厚、靠近头部的部分（约3kg分量）用于"豪爽炙烤三元猪五花肉"，图片右侧肉比较薄、难以直接使用的部分（1~2kg）用于"平牧三元猪肉酱"（p.94）。

技巧1 腌制入味

用岩盐和月桂叶、迷迭香腌制入味，肉块味道更佳，也更易于保存。

技巧2 极具冲击力的"豪爽炙烤"

整块烤肉直接上菜，通过分量感让人们对"豪爽炙烤"留下深刻印象。

和风酱汁烤摩奇猪梅花肉

猪梅花肉 🐷

把200g 的摩奇猪肩胛部位的梅花肉整块炙烤，搭配和风酱汁，形成极具分量感的一道菜品。用粗棉线绑紧猪肉的侧面，使肉块更厚实，烤肉时注意火候，把厚实的肉块加工得柔软鲜嫩。在自制洋葱酱油中加入洋葱碎末和巴萨米克醋等，风味更胜一筹。

材料（1盘分量）

猪梅花肉（摩奇猪）…200g　盐…适量
黑胡椒…适量　纯橄榄油…30mL
洋葱酱汁底料 ※…70mL　无盐黄油…5g
炸土豆条（先把土豆条放在150℃的烤箱中烤1小时，再炸）
…适量
碎欧芹…适量

做法

1 将猪梅花肉四周用粗棉线绑住，使肉块更厚实。技巧1 在其中一面撒上大量的盐、黑胡椒。

2 将锅烧热，放足量纯橄榄油。撒盐的一面朝上，大火煎1。

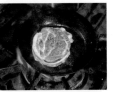

3 2上色后，翻面继续煎，盖上锅盖，关火并放置20~30分钟，使肉熟透。中途检查里面的情况，冷却下来时开小火加热。肉中溢出油脂，且发出"噼噼啪啪"的响声时，关火。反复几次，保持一定的温度用余热加热。

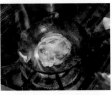

4 制作洋葱酱汁。在小锅中加热洋葱酱汁底料，加入无盐黄油。开大火收汁。技巧2

5 在猪梅花肉3中插入铁扦，检查肉块里面是否已熟。里面已熟的话，解下粗棉线，盛于盘中。配上炸土豆条，浇上4，撒上碎欧芹和黑胡椒。

※ 洋葱酱汁底料
　<材料> 1次加工量
　　洋葱酱油（→p.9）…180mL　日式料酒…90mL
　　巴萨米克醋…90mL
　　洋葱…1/2个
　<做法>
　在锅中加入洋葱酱油、日式料酒、巴萨米克醋，加入洋葱碎末，稍微煮干。

技巧1 **使肉变厚实的办法**

用粗棉线紧紧绑住肉的四周，这样肉块就不会收缩，烤好后也能保持一定的厚度。

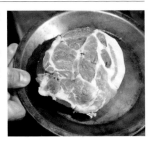

技巧2 **易于创新的万能酱汁**

"洋葱酱油"味道清甜，可以直接用作酱汁，也可以加入黄油等材料做成"洋葱酱汁"用于猪排等。

低温烤三元猪里脊肉

猪里脊肉 🐷

1盘250g 的猪里脊肉块，配上足量的炸土豆条，其分量感也成为这道令人大快朵颐的肉类料理的魅力之一。猪里脊肉腌制一晚后，在110℃的低温下炙烤近2小时，成品鲜嫩可口。炙烤后冷冻保存，只需加热即可快速上菜。

材料（8盘分量）

猪里脊肉…2kg
盐…适量
砂糖…适量
黑胡椒…适量
炸土豆条…适量
碎欧芹…适量
芥末粒…适量

做法

1. 在猪里脊肉的表面抹上盐、砂糖、黑胡椒，腌制一晚。

2. 冲洗**1**的表面，晾干水分。在锅中煎表面，放入110℃的烤箱中烤1.5~2小时。 技巧**1** 稍微放凉后，冷藏或者冷冻保存。 技巧**2**

3. 使用时，把**2**切成250g大小，切口处朝下放在锅中煎。用240℃的烤箱将里面烤热，切成适当大小。与炸土豆条一同盛于盘中，撒上碎欧芹，加上芥末粒。

技巧**1** 低温烤制使肉块肉汁丰富

110℃低温烤制，使成品肉汁丰富。

技巧**2** 快速上菜

烤好后可以冷冻保存。平时从头开始烤肉块的话会比较花费时间，但是这道菜品只需加热即可快速上菜。

烤厚切梅花肉

猪梅花肉

把厚切重300g的猪梅花肉烤至肉汁丰富，盛在小盘子上突出其分量和鲜美的味道。仅一道菜的分量就可以喝完一瓶波特酒，极受好评。最初使用油脂量少的里脊肉，后考虑到适当含有油脂会更加鲜美，于是变为使用猪梅花肉。

材料（1盘分量）

猪梅花肉…300g

盐…适量

黑胡椒…适量

纯橄榄油…适量

迷迭香…1枝

做法

1 在猪梅花肉的两面撒上盐、黑胡椒。

2 大火加热烧烤板，放入 **1**，加入纯橄榄油。表面上色后，转移至平底锅中，放上迷迭香，用220℃的烤箱加热3分钟。因为烤箱的热量由肉块的下方向上传导，取出后翻面放置3分钟，然后再次放入烤箱中烤3分钟。如此反复3~4次。 **技巧 1**

3 把 **2** 切开盛于盘中，放上使用过的迷迭香。

技巧 1 **把肉烤出丰富的肉汁**

为了不让肉变硬，烤3分钟后即放置3分钟，重复此工序，把肉烤出丰富的肉汁，呈鲜嫩可口的状态。

煎炒猪五花肉配黄瓜

猪五花肉 🐷

用削皮刀削出细长的黄瓜片,并放上煎炒的五花肉即可上菜,这道菜如同把肉类料理和沙拉放在一盘菜里。浓郁的猪五花肉和清淡爽口的黄瓜简直是绝妙的搭配。把炒出肉香的油用作酱汁,和芥末粒调味液一起浇在菜品上,使其回味无穷。

材料（1盘分量）

猪五花肉（切薄）…100g

盐…适量

黑胡椒…适量

蒜（切末）…少许

纯橄榄油…适量

黄瓜…1根

芥末粒调味液 ※…30~50mL

碎欧芹…适量

做法

1 用盐、黑胡椒、蒜末、纯橄榄油腌制五花肉半天以上。

2 黄瓜用削皮刀削成细长的黄瓜片,冲水。用厨房纸巾吸收水分,冷藏保存。

3 上菜时,热锅,加纯橄榄油,以中火翻炒**1**。

4 把**2**盛于盘中。放上**3**,浇上锅中剩下的油。 技巧**1** 浇上芥末粒调味液,撒上碎欧芹。 技巧**2**

※ 芥末粒调味液
<材料> 1次加工量
　芥末粒…1大勺　纯橄榄油…100mL
　白葡萄酒醋…50mL　浓酱油…50mL
　蒜末…少许　盐…适量　白胡椒…适量
<做法>
混合所有的材料。

技巧**1** 把炒肉剩下的油用作酱汁

把炒五花肉剩下的油用作酱汁,盛盘时浇上芥末粒调味液,菜品的味道极少失败。

技巧**2** 快速上菜

所有的材料都可以提前准备好,只需翻炒即可快速上菜。

外焦里嫩梅花肉片

猪梅花肉

这是让顾客品尝猪肉特有的肉香与脂香的一道菜品。肉用苹果酒腌制后，低温慢慢加热。这样就已经十分鲜美了，上菜时用喷烧枪炙烤让油脂部分更加可口。使用巴萨米克醋中加入苹果泥做成的酱汁，该酱汁十分适合搭配猪肉。

材料（1次烹饪量）

猪梅花肉（麦富士猪）…1kg
盐…12g　黑胡椒…适量
苹果酒（辣口）…180～200mL
橄榄油…适量
巴萨米克醋…200mL
红玉苹果（磨末）…1个
蒜末…适量　浓酱油…适量
特级初榨橄榄油…适量

做法

1. 把猪梅花肉去除薄膜和血块。用叉子在肉块上扎洞，抹上盐和黑胡椒。盐量以肉块重量的1.2%为标准。

2. 把 **1** 放入塑料袋中，加入苹果酒，挤出空气并密封，在冰箱中腌制一晚。 技巧1

3. 取出 **2**，晾干水分，用粗棉线均匀地捆绑肉块。在锅中烧热足量的橄榄油，大火煎整块肉。

4. 用铝箔纸包裹住 **3** 放在烤盘上，把加入热水的烤盘叠放于其下方，放入125℃的烤箱中，隔水加热70分钟左右，肉块里面达到65℃左右时，取出肉块。放凉后即完成。 技巧2

5. 制作酱汁。加热巴萨米克醋收汁呈浓稠状，加入苹果泥、蒜末、浓酱油调味。

6. 把 **4** 切成薄片，用喷烧枪炙烤油脂部分， 技巧3 盛于盘中。浇上 **5**、特级初榨橄榄油，撒上黑胡椒。

技巧1　用苹果酒把肉腌制柔软

苹果酒通过碳酸作用，可以让肉变得柔软。用苹果酒腌制肉块一晚，能够使肉块的口感变得更柔软。

技巧2　低温加热使肉块鲜嫩可口

为了把肉块的里面加工成半熟的状态，采用低温慢慢加热的方式。把加入热水的烤盘放在下面，慢慢加热，也可以防止肉块烤得不均匀。

技巧3　用喷烧枪熔化脂肪

这是使肉块上的脂肪更易于食用的技巧。切薄片盛好后，用喷烧枪炙烤脂肪部分，熔化多余脂肪的同时，也可以炙烤出香气。整体熟透，与酱汁也更为搭配。

炸猪排

猪梅花肉

在面包屑里加入粉末奶酪，使面包屑更香，装盘时削下一些帕玛森干酪撒在炸猪排上，使其有一种特别的香气。炸猪排完全让人感受不到有300g的分量，使人不由得频频伸出筷子，其美妙的味道令人着迷，极受好评。酸味恰到好处的酱汁是关键。适合搭配红酒。

材料（1盘分量）

猪梅花肉…300g　盐…适量　黑胡椒…适量
高筋面粉…适量　鸡蛋…2个　面包屑…100g
哥瑞纳 – 帕达诺粉末奶酪…100g
纯橄榄油…适量　黄油…15g
酱汁 ※…适量
帕玛森干酪…适量　柠檬…1/4个

做法

1. 把面包屑和哥瑞纳 – 帕达诺粉末奶酪混合在一起。 技巧1

2. 把猪梅花肉夹在冷冻用塑料袋中间，用肉锤捶打。为了防止肉块收缩，取出后立即用菜刀在肉块上切口，在两面撒上盐、黑胡椒。按照高筋面粉、鸡蛋液、1的顺序裹上面衣。

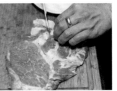

3. 在平底锅中放入没入2一半左右的纯橄榄油，开中火加热。加入黄油并熔化后，放入2一边炸一边煎。上色后，翻面把反面也煎上色。

4. 在盘子上放上烤网，把3放在上面。放入220℃的烤箱中加热2~3分钟。取出后静置，用余热使其熟透。插入铁扦确认熟透后，切成小块盛于盘中。

5. 在4上浇上酱汁， 技巧2 削下一些帕玛森干酪撒在其上。配上切成月牙形的柠檬。

※ 酱汁…适量
<材料>（1盘分量）
　紫洋葱…1/6个　樱桃番茄…1个
　意大利西芹…1撮分量
A
　第戎芥末…10g　纯橄榄油…30mL
　柠檬汁…1/2个的量　白葡萄酒醋…少许　盐…1撮分量
<做法>
1. 把材料A混合制作色拉调味汁。
2. 把紫洋葱切成3mm的小方块，冲水。
3. 把樱桃番茄切成8等份。意大利西芹剁成碎末。
4. 沥干2的水分，与1、3混合在一起。

技巧1 用粉末奶酪使面包屑更香

把面包屑和哥瑞纳 – 帕达诺粉末奶酪等量混合，制作具有特别香气的面衣。

技巧2 带酸味的酱汁是关键

浇上多用于沙拉等冷菜的彩色酱汁，可以缓解油腻感。

炸火腿土豆泥饼

猪加工肉 🐷

把经典菜品炸火腿和土豆泥沙拉结合在一起的创意颇受好评，已经成为招牌菜品。厚切火腿，中间夹上足量的土豆泥沙拉，裹上面衣。其分量感也是一种魅力。吃土豆泥沙拉时，蘸取适量中浓酱汁进行调味，这样会更加好吃。

材料（1份分量）

火腿（5mm厚）…2片

土豆泥沙拉※…55g

低筋面粉…适量

鸡蛋液…适量

生面包屑…适量

色拉油…适量

圆白菜（切丝）…适量

做法

1. 将火腿对半切开。将55g土豆泥沙拉整理成圆形。
2. 1的火腿两面用毛刷刷上薄薄的低筋面粉，夹上土豆泥沙拉，将形状整理成四边形。**技巧1**
3. 给2整体刷上薄薄的低筋面粉，过鸡蛋液，然后涂满生面包屑。放入冰箱保存。
4. 使用时，将3放入170℃的色拉油中炸2分钟，取出静置1分钟。再次油炸2分钟，沥干油。**技巧2**
5. 将切成丝的圆白菜放在盘中，放上对半切开的4。搭配中浓酱汁，根据个人喜好蘸取食用。

技巧1　用土豆泥沙拉增加分量感

基本菜系"炸火腿"通过夹入土豆泥增加分量感，制成前所未有的"土豆泥肉饼"。加工好的土豆泥沙拉也可以用于其他菜品。

技巧2　油炸2次使口感松脆

因为放在冰箱中保存，炸透需要花费一定的时间。为了防止面衣炸焦，从油中取出后利用余热使其熟透。再次油炸，可把面衣炸出松脆口感。

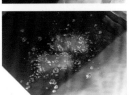

※土豆泥沙拉

＜材料＞一次烹饪量

　土豆…1.2kg　水煮鸡蛋…10个

　蛋黄酱…适量　盐、黑胡椒…各适量

＜做法＞

1. 把土豆连皮蒸软，剥去皮并捣成泥。
2. 把水煮鸡蛋剥去壳并捣成泥。
3. 在1中的土豆泥冷却后，与2中的鸡蛋泥以及蛋黄酱混合均匀，加入盐、黑胡椒调味。

油炸调味猪颈肉

猪颈肉

油脂丰富的猪颈肉在调味料中稍微腌制后裹上淀粉，用色拉油炸，做法简单，风味独特。挤上酸橘汁，蘸上撒有辣椒粉的蛋黄酱食用。辛辣和酸味可以缓解猪颈肉的油腻感，两者非常搭配。裹上的淀粉面衣要薄，才能够品尝到松脆的口感。

材料（1盘分量）

猪颈肉…100g

调味料

  清酒…90mL

  淡酱油…90mL

  生姜末…5g

淀粉…适量

色拉油…适量

蛋黄酱…适量

七味辣椒粉…少许

酸橘…1/2个

做法

1 制作调味料。用盆混合各种材料。

2 把100g的猪颈肉片成4等份，腌入 1 中5分钟。

3 2 裹上淀粉，技巧1 在160℃的色拉油中炸5~6分钟。

4 把 3 对半切开，盛在盘中，配上撒有七味辣椒粉的蛋黄酱、对半切开的酸橘。

技巧1 表面裹上淀粉

直接干炸的话肉块会变色、变硬，所以在其表面裹上一层淀粉。

照烧五花肉三明治

猪五花肉 🐖

这是在大受欢迎的生姜烤肉基础上创新开发的一道菜品。最开始，猪肉切成薄片，但分量感不够，切成肉块炖煮后，其软糯口感和面包片成为绝佳搭配。同时，极具分量感，大受好评。中间加入红生姜，口感竟令人意外地清淡不油腻。

材料（1次烹饪量）

猪五花肉…3kg

水、大葱、生姜…各适量

汤汁（比例）

　鲣鱼汤汁…8　酱油…1　日式料酒…1

　生姜（切片）…适量

＜上菜用（1盘分量）＞

炖五花肉块…2块　色拉油…适量

酱油、日式料酒、清酒…各适量

生姜（榨汁）…适量　面包…2片

辣蛋黄酱…适量　圆白菜（切丝）…适量

红生姜…适量

做法

1. 烹饪五花肉。把五花肉对半切开，煎至表面上色，放入足量的水和大葱、生姜一起开火炖煮2~3小时。炖至铁扦能够轻易穿过时，取出冷却。

2. 猪肉冷却后，放入混合鲣鱼汤汁、酱油、日式料酒、生姜的汤汁中煮30分钟左右。放凉后，保持腌制在汤汁中的状态冷藏保存。 技巧1

3. 取出当日要使用的分量的炖五花肉块，切成约2cm厚，放入加有色拉油的油锅中，用酱油、日式料酒、清酒、生姜汁照烧。 技巧2

4. 上菜时，在面包片上涂抹辣蛋黄酱，放上切丝的圆白菜，撒上红生姜，放上**3**，再放红生姜、切丝的圆白菜。 技巧3 用涂抹了辣蛋黄酱的面包片夹住，用热三明治烤具烤制5分钟。

5. **4**烤好后，对半切开，盛于盘中。

技巧1　烹饪软糯的五花肉块

为与面包片的口感统一，猪肉细火慢炖，炖软后再放入汤汁中煮。以腌制在汤汁中的状态冷藏保存，可以保持肉块多汁口感。

技巧2　进一步照烧五花肉块

为使肉块的风味更加丰富，把炖好的五花肉用姜汁、酱油等照烧后制作三明治。味道清淡的炖五花肉与浓郁的口感合为一体，更为搭配圆白菜丝和面包片。

技巧3　红生姜突出重点

红生姜的作用在于让照烧炖五花肉吃起来不油腻。加入红生姜，使其成为整体味道的重点，这种几乎不可能实现的搭配令人印象深刻。

奶酪风肉酱三明治

猪五花肉 🐷

与一般的在烘烤过的法式面包片上涂抹肉酱食用的方法不同，加热肉酱，与热乎乎的面包片一同食用，该菜品的趣味就在于此。加上苹果酱和可可酱汁，可以让顾客品尝到不同的口味。使用鹿儿岛黑猪五花肉制作肉酱。

材料（1份分量）

猪五花肉酱 ※…1块（5cm×3cm×1cm）

苹果酱 ※※…适量

可可酱汁 ※※※…适量

面包片…2片

高达奶酪片…1片

黑胡椒…少许

澄清黄油…适量

意大利西芹…少许

做法

1. 把猪五花肉酱 技巧1、2 切成 5cm×3cm×1cm 大小。面包片切去边缘部分。把高达奶酪片对半切开。

2. 重叠放上面包片、高达奶酪片、猪五花肉酱、高达奶酪片，撒上黑胡椒。盖上面包片，四边用筷子压紧封口。放于烤盘上，两面刷上澄清黄油，放入200℃的烤箱中加热8分钟。

3. 把 2 对半切开，盛于盘中，放上苹果酱、可可酱汁，装饰上意大利西芹。

※ 猪五花肉酱

<材料> 1次加工量

> 猪五花肉（黑猪）…5kg　盐…100g
> 白胡椒…15g　蒜…150g
> 洋葱…600g　普罗旺斯香草…15g
> 白葡萄酒…900mL　猪油…适量

<做法>

1. 用菜刀拍扁蒜瓣。洋葱切成4块。猪五花肉切成小块，撒上盐、白胡椒。

2. 在锅中加入 1 、普罗旺斯香草、白葡萄酒，加入能够覆盖住肉块的猪油，用似有似无的80℃火候加热约7小时。

3. 趁热用铲子摁压猪五花肉，转移到盆中搅碎。一边连盆浸入冰水中一边加入猪油。

4. 把 3 转移到铺上保鲜膜的20cm×30cm盘中，放冰箱中冷却定型。

※※ 苹果酱

<材料> 1次加工量

> 苹果（红玉）…3个
> 细砂糖…苹果分量的1/3左右（根据苹果的甜度适当调节）
> 柠檬汁…2个的分量　苹果白兰地…适量

<做法>

苹果削皮，切成5mm大小的块状。加入细砂糖、柠檬汁、苹果白兰地，中火煮20分钟收汁。

※※※ 可可酱汁

<材料> 1次加工量

> 可可粉…30g　黄油…10g　水…60g

<做法>

把所有材料混合加热。

技巧1　使用黑猪五花肉

使用味道鲜美的鹿儿岛黑猪五花肉。

技巧2　连盆放入冰水中加入猪油

在盆中搅碎猪五花肉并加入猪油时，连盆放入冰水中进行冷却，可使猪油不沉淀，混合均匀。

平牧三元猪肉酱

猪五花肉、肥肉

自制肉酱作为前菜，上菜迅速，受人欢迎。整块购入品牌猪五花肉，对难以成形的部分和肥肉加以有效利用，烹饪有关菜品。利用食材原来的味道，以咸味为基础进行简单调味。猪五花肉用清汤炖煮，加入搅拌机中搅碎，冷却定型。可冷冻保存，适合提前做好以快速上菜。

材料（40盘分量）

猪五花肉、肥肉…共2kg

辛香蔬菜（胡萝卜、洋葱、西芹末）…1kg

清汤…适量　盐…适量　黑胡椒…适量

百里香（新鲜）…适量

法式面包片…适量　粉红胡椒…适量

特级初榨橄榄油…适量　细叶芹…适量

做法

1. 翻炒辛香蔬菜，将其和猪五花肉、肥肉一起放入锅中，加入清汤。用盐、黑胡椒、百里香调味，小火炖3小时左右。技巧1

2. 从1中取出肉，放入搅拌机中，搅碎肉纤维。加入剩下的汤汁，调整软硬度。技巧2

3. 把1中的辛香蔬菜沥干水分，与2混合均匀。

4. 包裹两层保鲜膜，放上3，卷成筒状。以把40盘分量的材料卷成

3根为标准。将两端密封好，冷冻保存。

5. 上菜时，把4切块，撕去保鲜膜，盛于盘中。配上法式面包片，撒上粉红胡椒和特级初榨橄榄油。装饰上细叶芹。

技巧1　防止浪费，降低成本

有效利用难以直接使用的部分和处理猪五花肉时多出的肥肉，开发出物美价廉的菜品。

技巧2　以耳垂的软硬度为标准

在工序2中，油脂部分会变硬，需要稍微调整得湿软一点。以类似耳垂的软硬度为标准。但是，加入过多水的话，注意切的时候会有水溢出。

老姜风味自制香肠

猪前腿肉末 🐷

本菜品的关键在于使用肥瘦相间的猪前腿肉末。使用老姜不仅能去除猪肉的腥味，更能增添香肠的高雅风味。为了让人感受到微甜的感觉，加入苹果干调味，使香肠这道基本菜品变得更有档次。

材料（1次烹饪量）

猪前腿肉末…6kg

老姜（研末）…280g

苹果干（切末）…适量

蛋白…适量

盐腌黑胡椒…适量

盐…适量

猪肠…适量

芥末粒…适量

做法

1 混合猪前腿肉末、老姜、苹果干、蛋白、盐腌黑胡椒、盐。 技巧1、2

2 把1加入制作香肠的机器中，灌成12cm左右的香肠。灌肠后冷藏保存。

3 上菜时，把2放入220℃的烤箱中烤制10分钟左右。

4 把3盛于盘中，配上芥末粒即可上菜。

技巧1 做出鲜美肉末的秘诀

猪前腿肉末肥肉稍多，制成香肠的话肉汁适中。混合蛋白和苹果干时，其美味的秘诀在于稍微混入一些空气。

技巧2 苹果干的甜味是关键

使用甜度浓缩的苹果干，而非水分多的新鲜苹果。为了让人感受不到苹果干的口感，把苹果切成末，稍微增加香肠的

甜度即可。只要是风干水果就行，所以也可以用苹果以外的其他水果代替。

美式热狗猪血串

猪背油、猪血 🐷

猪血和肥肉做成的香肠是法国料理之一，在此基础上进一步加工制作。裹上面衣，入油炸香，加工成和美式热狗一模一样的一道菜品。面衣中加入熔化的黄油，其恰到好处的甜度与猪血制作的猪血串非常搭配。上菜时，配上野山莓酱的做法也非常出众。

材料（1串分量）

猪血串 ※…1根
面浆 ※※…适量
精制菜籽油…适量
野山莓…适量

做法

1 在面浆中放入猪血串，用160℃的精制菜籽油
炸10分钟。技巧1

2 制作野山莓酱。将野
山莓用搅拌机搅碎。
3 在盘中盛上 1，加上
2。

※ 猪血串
<材料> 1次加工量
猪背油…130g 猪血…500g
大蒜…10g 洋葱…250g 鲜奶油…200g
盐…17g 白胡椒…2g 混合香料…2g
<做法>
1 在锅中加入切成5mm方块的猪背油，小火炒出油。
加入蒜末翻炒。炒出香气后，加入洋葱末，炒至洋
葱变软且有甜味。
2 在1中加入鲜奶油，大火煮沸腾后，关火。加入猪血、
盐、白胡椒、混合香料，开小火，用橡胶铲一边混
合一边加热至65~70℃。倒入陶罐模具。
3 在盘中加入80℃的热水，放上2，用170℃的烤箱
加热20~30分钟。中途用温度计测试其温度，达
68~70℃时，从烤箱中取出。在常温下放凉后，放入
冰箱中冷藏两晚。
4 把3从陶罐模具中取出，切成10cm×2cm×2cm大
小。用保鲜膜包住，把它搓成圆柱形。撕下保鲜膜，
插入竹棍，冷藏保存。

※※ 面浆
<材料> 1次加工量
低筋面粉…100g 发酵粉…5g 牛奶…50g
鸡蛋…1个 砂糖…30g 液态黄油…20g
<做法>
1 把低筋面粉和发酵粉混合均匀，用筛子过筛。
2 在盆中加入牛奶、鸡蛋、砂糖、液态黄油，用打蛋
器混合均匀。为使面浆不结面团，一边一点点加入
1一边混合均匀，最后倒入切去上半部分的塑料瓶中。

技巧1 在基本菜品上别出心裁

原先是做成法式猪血冻上菜，后来模仿美国热狗
的加工风格，大胆创新，把其加工成令人惊讶的
一道菜品。虽然是基本菜品，但是在日本，猪血
肠还不为人熟知，这种别出心裁的方式，使其变
身为令人关注的一道菜品。

蜗牛风迷你小香肠

猪瘦肉、猪背油

把香肠制成迷你小香肠，与白扁豆泥一起放入蜗牛盘中，放上蒜香黄油，撒上面包屑、帕尔玛奶酪，放入烤箱中烤至金黄色。把原本普通的自制香肠加工成蜗牛风，极具独创性，令人惊讶。

材料（1盘分量）

迷你小香肠 ※…6个
炖白扁豆 ※※…20g
蒜香黄油 ※※※…20g
面包屑…适量
帕尔玛奶酪粉…适量

做法

1 在蜗牛盘中加入炖白扁豆、迷你小香肠，放上蒜香黄油，撒上面包屑、帕尔玛奶酪粉。

技巧1、2 放入200℃的烤箱中加热17分钟。盛于盘中即可上菜。

※ 迷你小香肠

<材料> 1次加工量
　猪瘦肉…1180g　猪背油…725g　大蒜…4g
A
　盐…22g　白胡椒…7g　普罗旺斯香草…2g
　冰（粉碎成粉状）…300g
　猪肠…适量
<做法>
1 把猪瘦肉和猪背油切成5mm大小的小方块。大蒜切成末。
2 在食品料理器中加入1和材料A，搅拌均匀。
3 在猪肠中灌入2，每3cm扭一节。在80℃的热水中煮5分钟，常温下冷却。放入冰箱，冷藏1天。

※※ 炖白扁豆

<材料> 1次加工量
　白扁豆…1kg　番茄…3个
　洋葱…2个　大蒜…15g
A
　猪肉肉汁…150g　猪油…200g
　干百里香（罐装）…3g　孜然粉…1g
　迷迭香…1片　清汤…2L　白胡椒…2g　盐…适量
<做法>
1 事先煮好白扁豆。番茄切成1cm方块。洋葱切成3mm小方块煎炒上色。大蒜切末。
2 在锅中加入1和材料A，开中小火煮60分钟。中途水分减少时，加水（分量外）继续炖煮。

※※※ 蒜香黄油

<材料> 1次加工量
　无盐黄油…450g　大蒜…20g
　薤白…20g　欧芹…80g　盐…9g
　白胡椒…1.5g
<做法>
把所有的材料放入食品料理器中搅拌，用保鲜膜裹成细长条状冷藏保存。

技巧1 把适合搭配的材料组合在一起

白扁豆泥原本是香肠的配菜，将其加工成蜗牛风，加上大蒜的香味，成为极具一体感的绝妙组合。

技巧2 使用蒜香黄油给人以冲击感

使用蒜香黄油给人以冲击感，其味道非常适合搭配红酒。

青椒炒香肠馅

猪五花肉块 🐷

肉馅不灌成香肠，而是直接和蔬菜一起翻炒，很有田园风味。成块的肉馅形状各不相同，带给人充满活力的口感。蔬菜色彩缤纷，并且吸收了肉馅的油分。把这两种彼此特色极强的食材巧妙地一体化，加工成适合搭配红酒、富有冲击力的肉类料理。

材料（6盘分量）

猪五花肉块…1kg

A

　意大利西芹…10g

　小茴香…10g

　迷迭香…10g

　大蒜…10g

盐…20g

黑胡椒…0.5g

<上菜用（1盘分量）>

香肠肉馅…150g

青椒…1个

红椒…1个

土豆…1/4个

纯橄榄油…适量

盐…适量

黑胡椒…适量

帕玛森干酪粉…适量

做法

1 把猪五花肉块的1/3切成1cm大小的方块。2/3放入加冰块事先冷却的搅拌机中，搅成碎块。

2 把材料A切成碎末。

3 在盆中均匀混合 1、2、盐、黑胡椒，在冰箱中冷藏一晚。
　技巧 1、2

4 把青椒、红椒切成不规则的形状。

5 土豆带皮煮过后，切成不规则的形状。

6 把 3 按照1盘的分量分成4份。

7 烧热锅，加入纯橄榄油，放入 6，中火煎5分钟左右。上色后，倒出多余的油分，加入 4、5翻炒。在蔬菜中加入盐、黑胡椒，撒上帕玛森干酪粉，盛盘。

技巧 1 注意不让油脂熔化

在盆中混合材料时，夏天油脂容易溢出，煎的时候会变得干巴巴的，所以搅拌时需要注意不要让猪肉油脂熔化。可以充分冷却猪肉，或者把盆浸在冰水中搅拌。

技巧 2 多放盐、黑胡椒

多放盐、黑胡椒，使其口味具有冲击力，适合搭配红酒。

豆焖咸猪肉和自制香肠

猪五花肉、粗肉末 🐖

这是以法国南部的炖菜料理豆焖肉为基础，组合搭配香肠、炖白扁豆、咸猪肉做成的菜品。把制作培根和咸猪肉时的汤汁制成清汤，白扁豆吸收了清汤的精华，其魅力更胜一筹。香肠和咸猪肉都是从原材料开始烹饪制作，极富魅力。事先加工储存，可以快速上菜。

材料（1盘分量）

咸猪肉 *…60g

炖白扁豆 **…100g

自家制香肠 ***…1根80g

土豆（大）…1/2个

清汤（加工咸猪肉的汤汁）…适量

猪油…不足10g　黑胡椒…适量　欧芹…适量

做法

1. 把咸猪肉、炖白扁豆、自家制香肠、蒸熟的土豆加入小锅中，倒入刚没过食材的清汤，放入猪油加热。技巧1、2

2. 把1放入240℃的烤箱中加热5分钟，盛于盘中。撒上黑胡椒、碎欧芹。

※ 咸猪肉

\<材料\> 1次加工量

猪五花肉…1kg

A
├海盐…15g　岩盐…8g　碎胡椒…5g
└迷迭香…1枝

洋葱…1个　胡萝卜…1根　西芹…1/2根

辛香蔬菜（欧芹茎等）…适量

杜松子…10粒　水…适量

\<做法\>

1. 将猪五花肉用材料A腌制2天。
2. 清洗1，沥干表面的水分。在锅中煎肉块表面使其上色。
3. 在锅中加入2、洋葱、胡萝卜、西芹、辛香蔬菜、杜松子，加水。撇去浮沫，煮2~3小时。
4. 猪五花肉软糯后，从汤汁中取出。放凉后切成适当大小保存。汤汁过滤后用作清汤。剩下的蔬菜类可以用作其他食材。

※※ 炖白扁豆

\<材料\> 1次加工量

白扁豆（煮熟后冷冻）…500g

培根…100g　洋葱…1/2个　橄榄油…适量

清汤（加工咸猪肉的汤汁）…适量

月桂叶…1片　盐…适量

\<做法\>

1. 用橄榄油翻炒培根，炒出香气后加入洋葱碎末继续翻炒。洋葱炒软后，加入白扁豆翻炒均匀。
2. 在1中加入没过食材的清汤，加入月桂叶、盐，盖上锅盖，放入180℃烤箱中加热20~30分钟。白扁豆变软后即完成。

※※※ 自家制香肠

\<材料\> 18根的分量

A
├猪肉粗肉末…1.5kg　盐…18g　干鼠尾草…6g
│新鲜百里香…2片　黑胡椒…6g
└大蒜（切末）…6g　迷迭香…2片

柠檬皮…1个的分量　冰（块状）…8块

猪肠…适量

\<做法\>

1. 用手混合材料A，冷藏一晚。
2. 在搅拌机中加入1、柠檬皮、冰块，混合均匀。*
3. 在猪肠中灌入2，制作香肠。
4. 不包裹保鲜膜，把3放入冰箱4~5小时，使表面干燥。
5. 把4放入70℃的热水中煮10分钟，用保鲜膜包好，冷却后保存。冷冻、冷藏皆可。

* 混合香肠馅时，加入冰块，可以使肉的温度下降，还可以帮助肉馅中的油脂乳化。

技巧1　事先加工储存，快速上菜

提前将相关食材加工好，提升其魅力的同时可以快速上菜。都是方便事先加工的食材，损耗量少。

技巧2　用汤汁提升美味度

把制作咸猪肉时候的汤汁用作清汤，可以提升鲜美度。

香炖芋猪五花肉

猪五花肉 🐷

这款料理味道极为正宗，入口即化的炖肉由猪五花肉加入啤酒和法式面包细火慢炖而成。味道简单，但令人回味无穷。

材料（1次烹饪量）

猪五花肉（瑞穗芋猪）…1块（5~6kg）

盐…适量

橄榄油…适量

大蒜（切末）…4瓣

朝天椒（对半切开）…2个

月桂叶…2片

洋葱（5~7mm 块状）…3个

啤酒（Bass PaLe ALe）…约3L

法式面包…适量

芥末…适量

黑胡椒…适量

细砂糖…50g

红酒醋…20mL

＜上菜用（1盘分量）＞

炖肉…150g

白扁豆（煮软）…适量

土豆泥…适量

小洋葱、舞茸、香菇…各适量

碎欧芹…适量

做法

1. 猪五花肉撒上盐腌制1天。
2. 在锅中加入橄榄油和蒜末、朝天椒、月桂叶，开火翻炒。翻炒出香气后，加入洋葱翻炒。
3. 在另外的锅中烧热橄榄油，放入 **1**，把两面煎上色。

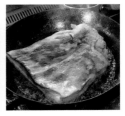

4. **2** 中的洋葱上色后，加入啤酒，煮沸后加入 **3**。再次煮沸后，加入法式面包、芥末、黑胡椒炖煮。 技巧1

5 在另外的锅中加入细砂糖，开火煮成糖浆，加入红酒醋，关火，倒入锅4中。 技巧2

6 整体混合后，盖上一层纸，再盖上锅盖继续炖煮。这里可使用比萨烤炉。 技巧3

7 猪五花肉炖煮软糯后，直接放凉，将肉和汤分离。把肉切成1盘150g的分量，冷冻保存。汤也同样冷冻保存。

8 使用时，把汤汁7倒入锅中，放入肉块7，和白扁豆一起加热。

9 在盘中放上土豆泥，盛上8，配上翻炒过的小洋葱、舞茸、香菇，撒上碎欧芹。

技巧1 有效利用炖锅中剩余的啤酒

啤酒是樽生"Bass PaLe ALe"，酒香醇厚，适合搭配炖肉。每天清理炖锅时，把剩余的啤酒储存起来，加以有效利用。法式面包也使用平时剩下的面包块。

技巧2 加入糖浆当佐料

加入糖浆当作炖肉的佐料。把细砂糖煮焦，加入红酒醋，混合均匀后倒入锅中。甜味和苦味、酸味，使汤汁的味道令人回味无穷。

技巧3 用比萨烤炉的余热炖肉

把比萨烤炉用于炖肉，可以缩短炖肉时间。夜里关火的话，早上还残余50~60℃的温度。把炖锅放入其中，利用比萨烤炉的余热，慢慢加热，五花肉将会变得软糯。

意式培根烤面包片

培根 🐷

用蒜油把洋葱翻炒出香气，与切成长方块的培根翻炒在一起，把足量的新鲜松伞蘑放在法式面包片上面，以意式烤面包片的风格推出。这是一道极受欢迎的前菜，能够随意用手拿着吃也是其魅力之一。装盘时的奶酪如果在餐桌上擦丝的话，其现场效果也值得期待。

材料（1盘分量）

培根…100g

洋葱（切末）…100g

蒜油…适量

盐…适量　法式面包片…适量

新鲜松伞蘑…20~30g

帕尔玛奶酪…适量

特级初榨橄榄油…适量

碎欧芹…适量　黑胡椒…适量

做法

1. 热锅，放入蒜油。翻炒洋葱碎末和切成一口大小的培根，加入盐、黑胡椒调味。**技巧1**

2. 烘烤法式面包片，放在盘中。放上1、切成片的新鲜松伞蘑。**技巧2** 撒上擦成丝的帕尔玛奶酪，淋上特级初榨橄榄油，撒上碎欧芹、黑胡椒。

技巧1　快速上菜

工序1可以事先加工储存，使用时只需要稍微加热就可以快速上菜。

技巧2　设法突出分量感和稀有感

与新鲜松伞蘑组合，提升其稀有感和分量感。

炙烤培根盖土豆泥沙拉

培根 🐖

该土豆泥沙拉的魅力在于培根烟熏的香味。把厚切的培根几块重叠在一起，其极具分量感的外观令许多食客都感到惊喜。搭配培根的咸味，土豆泥沙拉要控制咸味以保持味道的平衡。培根事先煎上色，盛在大盘子里。上菜时再重新煎。

材料（1盘分量）

培根（煎炒1.3kg的培根块）…5～6块

土豆泥沙拉（p.87 "炸火腿土豆泥饼" 中的土豆泥沙拉中不加盐和黑胡椒）…适量

黄瓜…适量

黑胡椒…少许

做法

1. 培根切成1cm左右厚，再统一切成4cm左右宽，用平底锅把两面煎上色。盛在大盘子中，摆在收银台处。 技巧1

2. 有点单时，再次用平底锅煎 1 。在碗中盛上土豆泥沙拉， 技巧2 放上切薄的黄瓜片，再放上培根，撒上黑胡椒。 技巧3

技巧1 用煎上色的培根吸引顾客

用平底锅把培根煎至上色。把堆成小山一般的煎上色培根摆放在收银台，意在吸引顾客。

技巧2 调节土豆泥沙拉的咸味

考虑到培根的咸味，仅用蛋黄酱给事先加工好的土豆泥沙拉调味。把培根置于其上，将咸味调节得恰到好处。

技巧3 重叠盛放增加分量感

培根的厚度是1cm，仅一片就可以品尝到培根表面酥脆、里面肉汁丰富的口感。把这样的培根重叠摆放5~6块，使其更具有分量感，让客人吃得满意。

石锅五花肉豆腐

猪五花肉

用鲜美、辛辣的汤汁将豆腐和猪五花肉做成韩式石锅风格，一般在夏季食欲减退的时候食用。辛辣的口感来源于韩式辣酱，配合这种辛辣味道，使用二次加入鲣鱼干、味道更为浓厚的汤汁作为汤底。豆腐煮软，和味道鲜美的五花肉、热乎乎的大蒜一起趁热享用。

材料（1盘分量）

猪五花肉（切薄）…150g

绢豆腐…1/2块

大蒜…2瓣

汤汁※…约360mL

韭菜…适量

一味辣椒粉…少许

做法

1 厚切蒜瓣。韭菜切成易于食用的长度。

2 在小锅中加入绢豆腐、五花肉和1中的蒜瓣，倒入汤汁开火煮。 技巧1

3 2中的五花肉煮熟后，放入1中的韭菜。关火，撒上一味辣椒粉即可上菜。

技巧1 改创成辛辣的石锅风格料理

在和风汤汁中加入韩式辣酱，把日式的肉豆腐改造成韩式风格。把二次加入鲣鱼干、味道浓厚的汤汁作为汤底，烹饪出鲜美、辛辣的口感。

※ 汤汁
<材料> 1次加工量
  二次汤汁（二次放入鲣鱼干的汤汁）…1.8L
  韩式辣酱…300g 清酒…100mL 酱油…50mL
<做法>
1 在鲣鱼干做出的汤汁中再次放入鲣鱼干，做出的汤汁就是"二次汤汁"。开火煮二次汤汁，放入韩式辣酱、清酒、酱油，煮沸，挥发酒精。
2 冷却1，放入密封容器中，冷藏保存。

有机蔬菜肉末拼盘

猪肉末

这是面向"想要吃蔬菜，但是也喜欢吃肉"的人开发的一道菜品。该菜品是各色有机蔬菜蘸取肉末味噌食用的大分量蔬菜沙拉。自制肉末味噌中的猪肉末使用大块肉末，突出猪肉的存在感。不仅包括常见的生蔬菜，还加入烤蔬菜、稀有蔬菜，提升其商品价值。

材料（1盘分量）

蔬菜类［白茄子、白苦瓜、西葫芦、香菇、萝卜（紫色、黄色）、红心萝卜、莲芋、秋葵、绿南瓜、紫叶生菜、水前寺菜等］…各适量

肉末味噌※…适量

七味辣椒粉…适量

做法

1. 把蔬菜类切成适当大小。烤白茄子、白苦瓜、西葫芦、香菇、秋葵。

2. 把1盛于盘中，配上撒有七味辣椒粉的肉末味噌。 技巧1、2

技巧1 把肉末味噌用作蔬菜的酱料

肉末味噌在衬托蔬菜的新鲜可口的同时，令人有食欲也是其魅力之一。

技巧2 把七味作为重点

用七味辣椒粉提升肉末味噌的美味。七味辣椒粉使用长野老字号八幡屋矶五郎生产的"七味唐辛子"。

※ 肉末味噌

<材料> 1次加工量

　猪肉末（腿肉）…1kg　韩式辣酱…80g

　甜面酱…80g　浓酱油…100mL　清酒…100mL

　蛋黄酱…1kg

<做法>

1. 猪肉末水煮后去除多余的油脂，用笊篱捞起来。

2. 把1和韩式辣酱、甜面酱、浓酱油、清酒放入锅中加热。煮沸后，关火冷却。

3. 把2和蛋黄酱混合均匀。

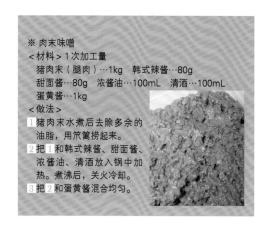

健康猪肉饭

猪肉末 🐖

这是由冲绳名产章鱼饭改造而成的米饭系列菜品。大量色彩鲜艳的各色蔬菜与温泉蛋、突出肉末存在感的南蛮味噌组合在一起，分量感十足。南蛮味噌在酱油底料的基础上加入青椒，辛辣的味觉非常下饭。作为午餐，极受欢迎。

材料（1人分量）

南蛮味噌※…10~15g　猪肉末…60g

洋葱（切末）…1/10个　清酒…30mL

牛油果…适量　盐、柠檬汁、山葵…各适量

番茄…适量　橙醋酱油（p.145）、橄榄油…各适量

洋葱、南瓜、胡萝卜叶、红心萝卜、灯笼椒（红色、黄色）…各适量

叶类蔬菜（水菜、紫叶生菜、沙拉菠菜、长叶生菜、生菜、鸡毛菜）…各适量

米饭…180g　温泉蛋…1个

凯撒沙拉调味汁…适量

酱油佐料汁（九州甜口浓酱油和黑加仑力娇酒以20：1的比例混合并加热收汁，加入适量的山葵）…适量

帕玛森干酪…适量

碎欧芹…适量　白胡椒…适量

做法

1 翻炒洋葱末，炒软后，加入猪肉末继续翻炒。出锅前加入清酒、南蛮味噌翻炒均匀。技巧1、2

2 牛油果去皮去籽，切成适当大小，加入盐、柠檬汁、山葵调味。番茄切成小块，加入橙醋酱油、橄榄油调味。洋葱切片，冲水。其他的蔬菜类切成适当大小。

3 在盘中盛饭，放上2。在中央部分放上1和温泉蛋，浇上凯撒沙拉调味汁、酱油佐料汁。帕玛森干酪擦成丝，撒上碎欧芹、白胡椒即可上桌。

※ 南蛮味噌

<材料＞ 1次加工量

鲣鱼干…20g　清酒…200mL　青椒…20根
芝麻油…适量　砂糖…150g　日式料酒…150mL
信州味噌…700g　浓酱油（九州甜口）…150mL

<做法＞

1 把鲣鱼干和清酒加入搅拌机中。

2 把青椒切碎，用芝麻油翻炒。炒出香气后，加入1、砂糖、日式料酒、信州味噌，用中火翻炒均匀。炒出光泽后，加入浓酱油混合均匀即完成。

技巧1　使用超大块肉末

猪肉末使用8mm 大小的大块肉末，意在使顾客感受到肉末的口感和存在感。

技巧2　加入青椒增加辛辣风味

南蛮味噌中含有青椒，风味辛辣，在常温下也能够保存。剩下1/3左右分量时，补充新的味噌。冷却后会变硬，所以味噌要制作得湿一点。

五香猪背油沙拉

猪背油 🐷

用盐和香草腌制猪背油，做成自制五香猪背油。它是保存性食品的一种，使用脱水纸，去除水分的同时腌入盐和香草的味道。用喷烧枪慢火炙烤的话，油脂适度熔化，口感变得酥脆。油脂的香味和咸味融合成一种特别的味道，提升蔬菜沙拉的口感。即使是对肥肉有抵触感的人也给予好评。

材料（1次烹饪量）

猪背油…1kg　盐…25g

细砂糖…8g　迷迭香干叶…适量

牛至干叶…适量　黑胡椒…适量

<上菜用（1盘分量）>

自制五香猪背油…适量　野生芝麻菜…25g

帕尔玛奶酪…5g

红酒醋…少许　特级初榨橄榄油…少许

黑胡椒…少许　葡萄干…5g　碎腰果…5g

做法

1. 制作自制五香猪背油。为了让猪背油更好入味，用叉子在猪背油上扎洞，均匀刷上盐和细砂糖、迷迭香干叶、牛至干叶。
2. 用脱水纸包裹 **1**，放入冰箱中腌制2天。 技巧 1
3. 上菜时，把 **2** 切成薄片，放在耐热容器中，用喷烧枪炙烤。 技巧 2
4. 在盆中加入野生芝麻菜，加入帕尔玛奶酪、红酒醋、特级初榨橄榄油拌匀。盛于盘中，放上 **3**，撒上黑胡椒，放上葡萄干、碎腰果。

技巧 1 　用脱水纸缩短时间

使用脱水纸，加盐和香草腌制熟成，自制五香猪背油就做好了。因脱水纸的作用，盐和香草能在短时间内渗透到猪背油中，凝缩美味。

技巧 2 　用喷烧枪加工出酥脆口感

用喷烧枪慢慢炙烤猪背油，使食客品尝到酥脆的口感。把猪背油放在蔬菜沙拉上，让人不感觉油腻，同时可以美美地享用新鲜蔬菜。因猪背油中含有盐分，沙拉不加盐。

鸡肉、鸭肉、鹅肝
32种

烤整只嫩鸡

嫩鸡🐓

熏制工序让烤嫩鸡的味道与众不同，在其他地方无法品尝到。有烤全鸡和易于食用的半只鸡可供选择。在平底锅中均匀煎，使整只鸡上色。重复在烤箱中烤3分钟后取出放置的工序，细火慢慢烤熟。

材料（1盘分量）

嫩鸡（整鸡去除内脏）…1只（700g）

盐…15g

纯橄榄油…适量

迷迭香…1枝

樱花木屑…适量

做法

1 把嫩鸡清洗干净，沥干水分，撒上大量盐，在冰箱中放置一晚。

2 把 **1** 洗干净，沥干水分，用樱花木屑熏制两面各5分钟。 **技巧1**

3 在锅中加入纯橄榄油，中火加热，从背部开始，接下来翻转腹部、右侧面、左侧面煎上色，整体煎上色。

4 在鸡腹内加入迷迭香，用220℃的烤箱加热2.5~3分钟。取出放置2.5~3分钟，再次放入烤箱中烤2.5~3分钟。如此反复3~4次。 **技巧2** 用铁扦刺穿鸡肉，确认里面的温度。

5 烤好后，把 **4** 切成6块左右，盛于盘中，把放入鸡腹内的迷迭香取出来用于装饰。

技巧1 熏制整鸡使其风味独特

因为该料理烹饪方法简单，在烹饪前加上熏制这道工序，可以烹饪出出人意料的独特美味。

技巧2 重复烤和放置的工序

烤2.5~3分钟，取出放置2.5~3分钟。如此重复3~4次，细火慢烤，直至表面酥脆，里面肉汁丰富。

熏烤嫩鸡

嫩鸡

先熏后煎，非常适合搭配清香的啤酒。放置一晚，充分入味，不需要酱汁，尽情品尝鸡肉原本的味道。表皮酥脆，鸡肉鲜嫩，极受女性的欢迎。为了易于食用，在鸡肉上切口也很重要。

材料（1次烹饪量）

嫩鸡…1只

盐…适量

樱花木屑…适量

莲藕…适量

万愿寺辣椒…适量

灯笼椒…适量

橄榄油…适量

塔斯马尼亚芥末籽…适量

做法

1. 嫩鸡剁出鸡腿肉和鸡胸肉。鸡腿肉在骨头和周围的肉之间切口，使肉更容易食用。撒盐腌制一晚。

2. 在熏制锅中加入 **1**，点上樱花木屑，盖上锅盖熏制约15分钟。 技巧1

3. 把 **2** 放入密封袋，真空保存。

4. 在锅中烧热水，到68℃时，保持该温度并煮约10分钟。稍微放置后冷藏保存。

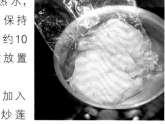

5. 在平底锅中加入橄榄油，煎炒莲藕和万愿寺辣椒、灯笼椒，盛于盘中。

6. 在平底锅中加入橄榄油，把 **4** 的表皮煎至酥脆， 技巧2 盛于 **5** 上，配上塔斯马尼亚芥末籽即可上菜。

技巧1 **使鸡肉带有熏制香气**

充分熏制，可以煎出激起食欲的香气，还有助于去除多余的脂肪，浓缩鸡肉的香味。

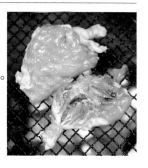

技巧2 **充分煎好表皮**

把表皮煎至酥脆，突出鸡肉真空调理后鲜嫩的口感。把表皮充分煎至微焦的程度，可以激发出熏制的香味。

低温调理菌香鸡块

鸡胸肉🐓

利用真空调理，使鸡胸肉鲜嫩可口，提升其魅力。事先处理好，密封保存，可以防止浪费食材，并有助于高效率烹饪。淡白色鸡胸肉中加入极香的牛肝菌等菌类以及鲜奶油做成的酱汁，风味颇佳。

材料(1盘分量)

鸡胸肉…120g　盐…适量

牛肝菌酱汁

　舞茸…20g　丛生口蘑…20g

　牛肝菌 (小) …1个　蒜油…适量

　鲜奶油…100mL

　浓酱油 (九州甜口) …1小勺

黑胡椒…适量　碎欧芹…适量

番茄…适量　橄榄油…适量

橙醋酱油 (p.145) …适量　紫叶生菜…适量

沙拉菜…适量

做法

1 在鸡胸肉上撒盐，将鸡皮一侧在锅中略微煎一下。关火，冷却。

2 把**1**放入密封袋中，真空保存。 技巧1

3 上菜时，把**2**放入50~60℃的热水中加热10分钟左右。 技巧2 从袋子中取出鸡胸肉，在平底锅中把鸡皮一侧煎至酥脆。

4 制作牛肝菌酱汁。把舞茸、丛生口蘑、牛肝菌等切成适当大小，加入蒜油翻炒。炒软后，加入鲜奶油煮收汁，加浓酱油调味。有黏稠感时，关火。

5 把**3**切成易于食用的大小盛于盘中，浇上**4**。撒上黑胡椒、碎欧芹。配上切成小块并用橄榄油、橙醋酱油拌匀的番茄、紫叶生菜、沙拉菜。

技巧1 **真空调理保存鸡肉风味**

真空密封状态下烹饪调理，可以保存食材的风味。在真空密封的状态下，可以冷藏保存1周左右。冷冻的话，可以保存更长时间。

技巧2 **低温加热鸡肉**

低温加热，可以保持鸡肉的水分，使鸡肉鲜嫩可口。

梅酒风味烤合鸭胸肉

鸭胸肉🦆

合鸭适合搭配巴萨米克醋等酸甜的味道，因此与梅酒搭配。合鸭胸肉用梅酒腌制，真空状态包装，使其充分腌制入味。酱汁中也大量使用梅酒，把梅酒酱汁收汁至黏稠后，浇于鸭胸肉上。鸭胸肉酸甜的味道尤其受到好评。

材料（1盘分量）

合鸭胸肉…150g　梅酒（腌制用）…适量

盐…适量

梅酒酱汁

┃梅酒…50mL　醋…5mL　盐…少许

烤茄子泥

┃茄子…1/2个　鲣鱼汤汁…适量　淡酱油…少许

炸土豆条…适量　山葵酱…适量

黑胡椒…适量　碎欧芹…适量

做法

1. 把合鸭胸肉和梅酒一起放入密封袋中真空包装，放置一晚。 技巧1

2. 从1中取出合鸭胸肉，撒上盐。在平底锅中中火煎鸭皮一侧。鸭皮会溢出大量油脂，因此锅中不放油。溢出多余的油脂时用厨房纸巾吸走，继续慢火煎。煎至上色后，放入280℃的烤箱中加热3~4分钟。从烤箱中取出，用铝箔纸包裹放置在温暖的地方5分钟左右。 技巧2

3. 制作梅酒酱汁。大火加热梅酒，收汁后点火挥发酒精。加入醋、盐后继续收汁，酱汁变成黏稠状时关火。 技巧3

4. 制作烤茄子泥。茄子用火烤后去皮。和鲣鱼汤汁、淡酱油一起放入搅拌机中，搅拌成泥状。

5. 在盘中铺上4，把2切成适当大小盛于盘中。在合鸭胸肉的断面刷上3，配上炸土豆条、山葵酱。撒上黑胡椒和碎欧芹。

技巧1　用梅酒腌制

合鸭胸肉在事先处理的阶段用梅酒真空腌制，与梅酒酱汁更为搭配。

技巧2　利用余热使合鸭胸肉熟透

鸭肉烤过度的话会变硬。在锅中把鸭肉表面煎至上色后用烤箱短时间加热。鸭肉呈外熟里生状态时停止加热，用铝箔纸包裹鸭肉，保温的同时稍微放置一段时间，用余热使鸭肉里面熟至淡红色即可。

技巧3　把梅酒做成酱汁

把梅酒做成酱汁，这是一种全新的鸭肉食用方法。酸甜适中的口味极受女性好评。酱汁中加入酱油，和其他食材的酱汁组合在一起，或者直接浇在加热熔化后的卡门贝尔奶酪里，味道都很美。

浆果酱汁烤鸭

合鸭胸肉 🦆

这道菜是煎烤合鸭胸肉和酸甜酱汁的组合。酸甜酱汁使用了适合搭配合鸭的浆果、巴萨米克醋。酱汁使用了常用于甜点的冷冻浆果和市场上出售的把巴萨米克醋煮收汁做成的"巴萨米克奶油"。在使用前混合均匀，就制成了果实丰富、味道正宗的酱汁。

材料（1盘分量）

合鸭胸肉…1块（200g）

盐…适量　黑胡椒…适量

土豆泥

　土豆…200g

　牛奶…100mL　盐…适量　黑胡椒…适量

浆果酱汁

　巴萨米克奶油（把巴萨米克醋煮收汁）…30mL

　冷冻浆果类（蓝莓、覆盆子等）…30g

　盐…适量　黑胡椒…适量

细叶芹…适量

碎欧芹…适量

特级初榨橄榄油…适量

做法

1 为使合鸭胸肉多余的油脂易于溢出，用菜刀在鸭皮上切口，在两面撒上盐、黑胡椒。

2 烧热平底锅，对鸭胸肉 **1** 从鸭皮一面开始用中火煎。鸭皮会溢出多余的油脂，去除多余的油脂，充分煎至酥脆。翻面后，稍微加热鸭肉一侧，用铁扦穿过鸭肉确认内部情况。

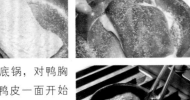

3 把 **2** 放入200℃的烤箱中烤制5~10分钟。

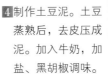

4 制作土豆泥。土豆蒸熟后，去皮压成泥。加入牛奶，加盐、黑胡椒调味。

5 制作浆果酱汁。在巴萨米克奶油中混合冷冻浆果类，加盐、黑胡椒调味。 技巧**1**

6 把 **4** 放在盘中，放上切成薄片的 **3**，浇上 **5**。装饰细叶芹，撒上碎欧芹。淋上特级初榨橄榄油。

技巧**1** 把既存食材制作成高级酱汁

搭配非常适合鸭肉的浆果系酸甜酱汁。浆果酱汁有效利用冷冻浆果和巴萨米克奶油，只需要混合就可以快速制作完成。

油封鸡胗烤串

鸡胗

事先用香草和岩盐腌制，然后用低温油加热制成油封鸡胗，最后把鸡胗穿在铁扦上冷藏保存。使用时，在烧烤架上烧烤后即可上菜。鸡胗经过油封，已经变得软糯，可以快速烤好。另外，为了烤出良好的口感和香味，处理鸡胗时留下部分薄皮。

材料（30串分量）

鸡胗（处理前）…2kg

A*

岩盐…25g　黑胡椒粒…10g　大蒜…5瓣

迷迭香…5枝　月桂叶…2枝

特级初榨橄榄油和葵花籽油的调和油…适量

盐…适量　黑胡椒…适量　法式面包片…适量

芥末…适量　细叶芹…适量

*调味料A对应的是1kg处理后的鸡胗的分量。鸡胗分量较多时要调整用量。

做法

1 处理鸡胗，去除薄皮和筋。留下背面的薄皮（银皮）。

2 在特级初榨橄榄油和葵花籽油的调和油中加入1、材料A，腌制一晚。

3 把2中的鸡胗浸入特级初榨橄榄油和葵花籽油的调和油中加热，80℃油封2小时。技巧1

4 从油中取出鸡胗，穿在铁扦上。冷藏保存。

5 使用时，在4上撒上盐、黑胡椒，放在烧烤架上烧烤。

6 在盘中放上烘烤后的法式面包片，放上5。放上芥末，装饰上细叶芹。

技巧1 烤出良好的口感和香味

特意留下银皮，并通过油封的方法，加工出与众不同的口感。在烧烤的时候也会烤得更香。鸡胗已经熟透，有助于上菜时加快速度。

秘制鸭肉棒

合鸭胸肉末🦆

自家制鸭肉棒中仅添加少量材料增加黏性，使用100%鸭肉，加工成突出鸭肉口感的味道。在肉馅中加入香料，更加适合搭配红酒。浇上小牛高汤浓缩肉汁进行调味，使其更加鲜美可口。也可以事先加工好冷冻储存，使用时只需在烧烤架上烧烤即可上菜。

材料（22～23串分量）

A

合鸭胸肉末…1kg　大葱（切末）…1/2根

小葱（切成圈）…1束　鸡蛋…2个

面包屑…14g　蒜末…50g

生姜末…10g　盐…17g

黑胡椒碎末…4g　普罗旺斯香草…1g

法式面包片…适量

小牛高汤浓缩肉汁…适量　细叶芹…适量

做法

1 把材料A中的所有材料混合均匀。 技巧1

2 在竹签上穿上50g的分量，整理成细长形状。包裹上保鲜膜保存。

3 使用时，把 2 放在烧烤架上烧烤上色。前端部分很难上色，可以用喷烧枪炙烤。 技巧2

4 在盘中放上法式面包片，放上 3 。浇上小牛高汤浓缩肉汁，装饰上细叶芹。 技巧3

技巧1　使用100%鸭肉提升口感

使用100%鸭肉，仅添加少量材料增加黏性，突出鸭肉口感。

技巧2　先烤好鸭肉棒的表面

最开始整体烧烤鸭肉棒的表面至上色，肉汁在里面循环，有助于快速烤好。

技巧3　再用法式调味料增加口感

小牛高汤浓缩肉汁是味道浓厚的牛肉浓缩汤汁，具有增加浓厚口感的效果。

熏制土鸡沙拉

鸡胸肉

熏制出香气的鸡胸肉搭配炸过的根茎类蔬菜和水芹，做成沙拉风味。为了充分发挥鸡肉的味道和熏制的香气，用橄榄油简单进行调味。可以事先加工储存以快速上菜，不仅保存性好，还有利于减少损耗。把蔬菜替换成桃子或无花果也可以。

材料(1盘分量)

鸡胸肉（近江黑鸡）…100g

盐…适量

黑胡椒…适量

木屑…适量

根茎类蔬菜（牛蒡、红薯等季节蔬菜）…各适量

水芹…适量

粉红胡椒粒…适量

特级初榨橄榄油…适量

做法

1 用刀把鸡胸肉切成均匀的厚度，撒上盐、黑胡椒。

2 在锅中铺好铝箔纸，放上木屑并点火。架上铁丝网并把 1 置于其上，盖上锅盖熏制20~30分钟。 技巧1

3 取出 2 中的鸡胸肉，使其冷却。

4 把根茎类蔬菜切成薄片，油炸。

5 上菜时，把 3 切成薄片。 技巧2

6 在盘中放上水芹、 4 、 5 。撒上粉红胡椒粒，淋上特级初榨橄榄油。

技巧1 通过熏制提升价值

通过熏制，让鸡肉更香，以此提升其附加价值。

技巧2 快速上菜

因为可以事先加工，所以能够快速上菜。

外酥里嫩炸鸡块

鸡脯肉🐔

模仿"西式鸡块天妇罗",鸡脯肉裹上厚厚的面衣放入油中油炸。搭配番茄酱,使鸡块更具风味。在鸡脯肉上放上罗勒叶,并用火腿包裹,可以增添风味并让味道更加清爽。面衣中加入奶酪并用啤酒拌匀,虽厚但油炸后口感酥脆。

材料(1盘分量)

鸡脯肉(近江黑鸡)…3块

盐…适量

白胡椒…适量

罗勒叶(生)…适量

生火腿…3片

面衣(粗面粉中加入少许奶酪粉,加盐、白胡椒调味,加啤酒拌匀)
…适量

色拉油…适量

番茄酱※…30mL

碎欧芹…适量

做法

1 鸡脯肉去除筋膜,用刀切成均匀的厚度。撒上盐、白胡椒。

2 在1上放上适量碎罗勒叶。用生火腿整体卷起来。技巧1

3 把2裹上面衣,技巧2 用180℃的色拉油炸1.5分钟。

4 在盘中铺上番茄酱,把3对半切开,盛于盘中。撒上碎欧芹。

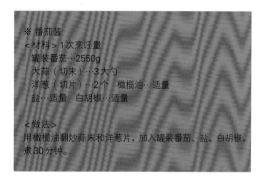

※ 番茄酱
<材料> 1次烹饪量
罐装番茄…2550g
大蒜(切末)…3大勺
洋葱(切片)…2个 橄榄油…适量
盐…适量 白胡椒…适量

<做法>
用橄榄油翻炒蒜末和洋葱片,加入罐装番茄、盐、白胡椒,煮30分钟。

技巧1 用生火腿增添风味

用生火腿卷鸡脯肉,可以给味道清淡的鸡脯肉增添风味和盐分。

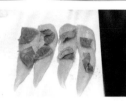

技巧2 面衣中加入奶酪和啤酒

面衣中加入奶酪增添浓厚口感。用啤酒拌匀面衣,油炸后口感酥脆。

经典炸鸡块

鸡腿肉🐓

这是非常受人欢迎的菜品。炸鸡块中的鸡肉使用鸡腿肉，切成大块以保持肉汁丰富的口感，团紧后放入油中油炸。梅肉佐料酱汁中加入足量的梅肉和葱花。清爽的酸味成为一种特别的味道。

材料(1份分量)

鸡腿肉（切成50~55g的大小）…1个
酱油、清酒、生姜汁…各适量
淀粉…适量
色拉油…适量
梅肉佐料酱汁※…适量

做法

1. 把鸡腿肉切块，在酱油、清酒、生姜汁中腌制15分钟后取出，沥干水分后放入冰箱保存。
   技巧1
2. 使用时，1 裹上淀粉并团紧。
3. 把 2 放入170℃的色拉油中炸2分钟后取出，放置1分钟左右，再次放入油中，炸至金黄色。
   技巧2
4. 沥干 3 的油分，盛于盘中，浇上梅肉佐料酱汁。
   技巧3

※ 梅肉佐料酱汁
<材料> 1次烹饪量
　基本的调味汁
　└色拉油、米醋、酱油、洋葱泥…各适量
　梅肉…适量　大葱…适量
<做法>
1 混合色拉油和米醋、酱油、洋葱泥，制作基本的调味汁。
2 在调味汁中加入去核梅肉和大葱末，混合均匀。

技巧1 **鸡腿肉切成大块**

把鸡腿肉切成1块50~55g的大块，提升吃到口中时的满足感。

技巧2 **通过2次油炸使鸡块肉汁丰富**

事先入味的鸡块冷藏保存在冰箱中，温度较低，很难炸透。因此，用低温油慢火油炸后放置一段时间，利用余热使鸡块熟透。炸好后的鸡块外表酥脆，里面鲜嫩，肉汁丰富。

技巧3 **梅肉的酸味减轻炸鸡块的油腻感**

蘸取带着梅肉酸味和葱花风味的梅肉佐料酱汁，可以减轻食用炸鸡块时的油腻感。酱汁的底料是加入洋葱泥的和风调味汁，综合了各种味道，风味多样。

带骨烤鸡腿肉

带骨鸡腿肉 💙

这是一道令人大快朵颐的招牌肉类料理。加入足量的橄榄油在烤箱中烤熟，烹饪的关键在于撒上大量盐、黑胡椒、自制香料腌制2小时，使鸡腿充分入味。自制香料混合了孜然等多种香辛料，是味道的关键。

材料(1份分量)

带骨鸡腿肉…1块

盐…适量

黑胡椒…适量

自制香料…适量

橄榄油…适量

做法

1. 为了让带骨鸡腿肉易于食用，切开鸡腿肉去除筋膜。**技巧1**

2. 在 **1** 上撒上大量盐、黑胡椒、自制香料，放置2小时，冷藏保存。**技巧2**

3. 使用时，在 **2** 上淋上橄榄油，放入210℃的烤箱中烤约20分钟，盛于盘中即可上菜。

技巧1　保留骨头周围的肉

很多人都觉得骨头周围的肉非常香，所以不切开骨头周围的肉，将其保留下来。为了使鸡腿易于食用，要充分做好去除筋膜等处理工作。

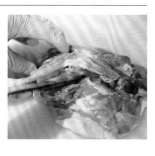

技巧2　腌制2小时入味

撒上足量的橄榄油放入烤箱中炙烤酥脆、喷香。因此，为了防止调味料因橄榄油流失，关键在于最少腌制2小时入味。

柠檬风情炸鸡块

鸡腿肉 ❤

这道料理的关键在于腌制液的味道和酥脆的口感。腌制液使用2种酱油，加入大量生姜，突出清爽风味。在腌制液中加入淀粉，使之稍微有些黏稠，即使是短时间腌制也可以充分入味。

材料（10份分量）

鸡腿肉…2kg

盐…适量　白胡椒…适量

A
｜蒜末…适量　生姜末…适量
｜淡酱油…适量　浓酱油…适量　清酒…适量

鸡蛋…适量　淀粉…适量

色拉油…适量　柠檬…适量

做法

1. 把鸡腿肉切成大块，撒上盐、白胡椒。
2. 混合材料A，把 **1** 腌制30分钟左右，冷藏保存。

3. 使用时，在 **2** 中打入鸡蛋，轻轻搅拌后加入淀粉。技巧 **1**、**2**
4. 把 **3** 放入180℃的色拉油中炸3~4分钟，盛于盘中，配上柠檬即可上菜。

技巧 **1**　鸡蛋快速搅拌均匀

鸡蛋可以直接加入腌制液中。但是，要注意快速与鸡肉搅拌均匀，不要接触空气。

技巧 **2**　裹上面衣增加酥脆口感

为了突出鸡肉鲜嫩的口感，面衣要炸得酥脆。在腌制液中直接加入淀粉，像图中那样稍微有些黏稠即可。

四分五裂炸鸡腿

带骨鸡腿肉 ♥

这道菜使用大山鸡带骨鸡腿肉，酥脆之中增添了松软、鲜嫩的口感。关键在于2次入味，首先腌制15分钟，再腌制于炸鸡块的腌制液中25分钟。鸡块表面均匀蘸上鸡蛋液，以160℃的低温慢火油炸。

材料（12份分量）

带骨鸡腿肉（大山鸡）…1.5kg

A

　盐…8g　黑胡椒…适量　蒜（切末）…1瓣

　生姜（切末）…2片　白汤汁…20mL

B

　蒜（切末）…1瓣　生姜（切末）…5g

　清酒…180mL　淡酱油…180mL

鸡蛋…2个　色拉油…适量　柠檬…适量

做法

1. 把带骨鸡腿肉对半切开，在表面切口，抹上材料A，放置15分钟。

2. 混合材料B，制作炸鸡块的腌制液，把 **1** 放入腌制25分钟。 **技巧1**

3. 取出 **2**，沥干水分，放入盆中。倒入鸡蛋液，使鸡腿肉均匀沾上鸡蛋液，沥去多余的鸡蛋液，转移到容器中，冷藏保存。 **技巧2**

4. 使用时，把 **3** 放入160℃的色拉油中炸10分钟。盛在盘中，配上柠檬。

技巧1　2次入味使鸡腿肉更美味

在表面切口，使鸡腿肉更容易入味。放置入味和腌制入味两道工序，使鸡腿肉充分入味。

技巧2　鸡蛋液面衣提升口感

用鸡蛋液做面衣，使口感温和、鲜嫩、松软。

爽口豆芽炒鸡颈肉

鸡颈肉 ❤

鸡颈肉紧致有嚼劲，加入香气浓郁的胡椒，翻炒成一道极具风味的小炒。鸡颈肉是越嚼越感觉美味的部位。炒菜前把大块鸡颈肉裹上淀粉油炸，使之更容易入味。充分发挥完全成熟的胡椒粒浓郁的香气和辣味，起锅时用研磨机研成粉状加入菜中。

材料（1盘分量）

鸡颈肉…120g　油菜…1棵
豆芽…1盒　淀粉…适量　色拉油…适量
大蒜（切末）、生姜（切末）…各适量
咸佐料汁※…适量　黑胡椒粒（仓田胡椒）…适量

做法

1 鸡颈肉薄薄地裹上淀粉，放入约170℃的色拉油中炸2分钟，沥干油分。 技巧1

2 把油菜切成易于食用的长度。

3 在锅中烧热色拉油，翻炒蒜末、生姜末。炒出香气后，加入 2，快速翻炒，放入 1 和豆芽，用咸佐料汁调味翻炒均匀。起锅时加入黑胡椒粉。 技巧2

※咸佐料汁
< 材料 > 1次烹饪量
　鲣鱼汤汁…1.6L　清酒…40mL
　蚝油…30mL　盐…106g
< 做法 >
把材料混合均匀，开火煮沸，挥发酒精。冷却至常温后，
放入密封容器中冷藏保存。

技巧1 裹上淀粉油炸

鸡颈肉裹上淀粉油炸后，面衣更容易入味，翻炒的时间也会缩短。

技巧2 使用香气浓郁的胡椒

胡椒使用柬埔寨产的"仓田胡椒"。选用完全成熟的上等胡椒粒，香味和辣味都是最优级别。在炒菜起锅时使用，可以提升其风味。

油炸土豆泥鹅肝球

鹅肝🦆

这道菜土豆泥中包裹着足量鹅肝。炸土豆泥鹅肝球搭配口感浓厚的酱汁，其浓郁的风味极受欢迎。加工成球形，裹上漂亮的面衣，简单整洁的外观有助于提升其魅力。该料理把不断加入新牛杂的炖牛杂的汤汁收汁后用作酱汁。

材料(1次烹饪量)

鹅肝…800g　盐、黑胡椒、低筋面粉…各适量

土豆(男爵)…2kg　鲜奶油…50mL

牛奶…250mL　盐…10g

肉豆蔻…适量　淀粉…适量

水淀粉(干淀粉加水和在一起)…适量

面包屑…适量　精制菜籽油…适量

"佛罗伦萨风味炖牛杂"的汤汁(→p.43)…适量

欧芹…适量

做法

1 用手去除鹅肝上的血管和筋，团成每个15g的球。

2 在 1 上撒黑胡椒，裹上一层薄薄的低筋面粉，冷冻保存。 技巧1

3 开小火，水煮土豆。土豆煮至扦子能够完全穿过的程度，剥皮，用研磨器研磨成泥，或者用捣泥器压成泥。

4 混合并加热鲜奶油和牛奶，加盐并使其溶化，加入 3 并混合均匀。混合均匀后，加入黑胡椒和肉豆蔻调味。

5 把 4 团成每个50g的球状。团好的 4 中放入 2，完全包裹好。

6 在盘中准备好淀粉、水淀粉、面包屑。 5 裹上淀粉后，过水淀粉，裹上面包屑，以这种状态放入冰箱中保存。 技巧2

7 使用时，把 6 放入加热至180℃的精制菜籽油中炸5分钟。把"佛罗伦萨风味炖牛杂"中的汤汁收汁用作酱汁，浇在盘中，盛上油炸土豆泥鹅肝球，装饰上欧芹。 技巧3

技巧1 冷冻鹅肝

鹅肝长时间放在外面的话会蔫掉，要快速操作。为了让土豆泥易于包裹住鹅肝，要将鹅肝事先团好冷冻保存。

技巧2 用水淀粉增加黏性

为了让油分多的鹅肝在油炸的时候不裂开，经过多次尝试后得出的最终结果就是使用水淀粉。和鸡蛋液有所不同，水淀粉能够

在鹅肝块的表面形成均匀的外膜，防止鹅肝从里面裂开的同时更易于粘住面包屑。

技巧3 有效利用招牌料理的汤汁

"佛罗伦萨风味炖牛杂"以口味浓厚著称，是一款招牌料理。把这道招牌料理的汤汁用作酱汁，酱汁与鹅肝浓厚的味道非常搭配，美味十足。

137

鹅肝泥

鹅肝🦆

使用鹅肝做成一道令人感觉高端的前菜，极受女性欢迎。鹅肝用滤网压成泥后放入搅拌机中，然后在烤盘中加热水，用烤箱低温加热，使口感细腻柔滑。趁热上菜，食用时可以淋上适合搭配鹅肝的蜂蜜。

材料(2份分量)

鹅肝（冷冻）…100g

盐…1g　白兰地…少许　鸡蛋…1个

鲜奶油…20mL　牛奶…100mL

面包片…适量　叶类蔬菜…适量

法式沙拉调味汁…适量

做法

1 鹅肝解冻裹上盐、白兰地腌制一晚。 技巧1

2 把1恢复常温，在滤网上压成泥后，和鸡蛋、鲜奶油、牛奶一起加入搅拌机中，充分搅拌柔滑。

3 分别放入碗中，在烤盘中加热水，放入100℃的烤箱中加热50~60分钟。 技巧2

4 把3从烤箱中取出，冷却至常温后，放入冰箱中冷藏。

5 上菜时，把4放在盘子上，配上烘烤过的面包片，用法式沙拉调味汁拌匀蔬菜沙拉。

技巧1 正确解冻鹅肝提升品质

购买鹅肝时，冷冻的鹅肝比新鲜的鹅肝价格更为合适。如果在常温下解冻的话，鹅肝中会溢出水分，因此，放入冰箱冷藏室中解冻2天，或者整袋放入冷水中解冻。

技巧2 留意加热时间和温度

用烤箱加热时，要根据凝固的状况调整加热时间。在水中烤制可避免鹅肝泥表面起泡，成品更加美观。

一口鹅肝

鹅肝 🦢

把冻鹅肝放在法式面包片上，犹如一口大小的卡纳普面包。在店里该料理可以设定为一块鹅肝的价格，顾客觉得实惠，感叹"这样的价格也能吃到鹅肝"。鹅肝用马德拉酒和波特酒等有甜味的酒类腌制后，加入模具中加热。可以冷冻保存，所以可以提前加工好。

材料（60份）

鹅肝…1kg

A

　盐…12g　砂糖…2g　波特酒…60mL

　马德拉酒…40mL　白兰地…20mL

法式面包片…适量

果酱 ※…适量

做法

1. 处理鹅肝，用材料 A 腌制一晚。

2. 把 **1** 放入模具中，烤盘中加热水，放入120℃的烤箱中加热30~40分钟。中心温度以42~43℃为宜。

3. 将 **2** 从烤箱中取出，散去余热后冷藏保存。冷藏保存的冻鹅肝表面会浮上油脂，油脂也非常美味，所以保留油脂，直接切片上菜。

4. 上菜时，把 **3** 切成一口大小，放在法式面包片上面。放上果酱，盛于盘中。技巧1、2

※ 果酱

< 材料 > 1 次烹饪量

　葡萄干…500g　百香果…500g

< 做法 >

1. 百香果去皮。和葡萄干一起放入锅中，小火煮20~30分钟。

2. 把 **1** 放入食品料理器中，加工成果酱转移到密封容器中保存。

技巧1　易于食用的一口大小鹅肝

把鹅肝这种高级食材烹饪成可以一口吃下的料理，设置平民化的价格，有助于成为招牌料理。

技巧2　非常适合搭配鹅肝的果酱

把冻鹅肝和自制果酱搭配在一起，果酱的甜味和酸味把鹅肝的味道衬托得更加鲜美。同时，果酱还为冻鹅肝增添了一分色彩。

法式冻鹅肝

鹅肝🦢

冻鹅肝细腻、浓郁的口感，再加上无花果酱清新的甜味，绝对是一道味道上乘的冷菜。铺在下面的自制碎饼口感酥脆，给这道法式冻鹅肝锦上添花，颇受女性欢迎。鹅肝事先腌制在含有牛奶、白兰地等的腌制液中除腥。

材料（1次烹饪量）

鹅肝…1块

腌制液

- 牛奶…100mL　水…2L　盐…100g
- 白砂糖…200g　发色剂…12g　白兰地…适量

<上菜用（1份分量）>

冻鹅肝…1块

无花果酱*…适量

自制碎饼**…适量

什菜沙律、迷你番茄、菊花…各适量

碎胡椒…适量

*用甜白葡萄酒把无花果干煮软。
**混合碎核桃和黄油、面粉、肉桂粉，用烤箱烤制。

做法

1. 使用法国产鹅肝。放入混合均匀的腌制液中腌制1天。
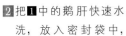
2. 把①中的鹅肝快速水洗，放入密封袋中，抽真空后，放入75℃的热水锅中。盖上锅盖，热水保持70℃的状态加热30分钟。 技巧1
3. 冷却至常温后，从袋中取出②，擦去表面溢出的油脂。
4. 把③放在保鲜膜的上面，用保鲜膜卷成糖果状，并且在几处扎洞，放出空气并卷紧。 技巧2

5. 让④保持这种状态冷藏保存，放置1~2天。

6. 上菜时，把⑤切成块，单侧抹上无花果酱。

盛于铺有碎饼的盘中，配上什菜沙律、迷你番茄、菊花花瓣。把碎胡椒撒在冻鹅肝表面。 技巧3

技巧1　鹅肝真空密封后放入热水中加热

为了消除鹅肝的腥味，将其腌制于加有牛奶的腌制液中。然后，把鹅肝真空密封放入热水中加热，去除脂肪以及腥味的来源——血液。但是，加热过度的话，脂肪会完全流失，需要注意加热的温度和时间。

技巧2　放出空气并卷紧保鲜膜

用保鲜膜包裹鹅肝时，如果里面留有空气的话，鹅肝容易裂开。因此，卷成糖果状后，扎几个洞放出空气，再卷紧。

技巧3　增加无花果酱的甜味

干无花果的自然甜味能够衬托鹅肝浓厚的味道。干无花果用甜白葡萄酒煮成酱，涂抹在鹅肝上，形成甘甜而奢侈的口感。无花果籽一粒一粒的口感也是品尝重点。

法式牛肝菌鸡肉卷

鸡腿肉🐔

用鸡腿肉和牛肝菌做成的法式肉饼，物美价廉，作为可以预先加工储存的菜品而开发。它作为可以快速提供的前菜，大受欢迎。鸡腿肉剁成肉末，切成肉块，与牛肝菌、洋葱等混合均匀，并且用整块切开的鸡腿肉包裹，蒸烤出鲜嫩口感。

材料（40盘分量）

鸡腿肉…9块（2kg）　干牛肝菌…50g

牛肝菌泡发水…90mL

洋葱（煎炒）…400g　无盐黄油…50g

盐…适量　黑胡椒碎末…5g

普罗旺斯香草…少许　鸡蛋…1个

烤开心果仁…50g

黑胡椒…适量

<上菜用>

　蔬菜嫩叶…适量　细叶芹…适量

　芥末…适量　黑胡椒…适量

做法

1 鸡腿肉1块切块，4块剁成肉末。剩下的4块用刀切开，使整块鸡腿肉保持均匀的厚度。　**技巧1**

2 干牛肝菌浸在水里泡发，切成末，和炒好的洋葱末一起用无盐黄油翻炒。加入牛肝菌泡发水煮收汁，加入20g盐、黑胡椒碎末、普罗旺斯香草调味。水分收缩至一半左右时，关火冷却。

3 在鸡肉末**1**中加入鸡蛋，混合均匀。把**2**以及**1**中切成块的鸡腿肉、烤开心果仁混合均匀，用手搅拌至有黏稠感。　**技巧2**

4 将2张保鲜膜重叠在一起展开，把**1**中整块切开的鸡腿肉鸡皮朝外紧密地放在保鲜膜上。撒上适量的盐、黑胡椒，把**3**放入中心部分，卷成筒状。放出空气，把两端封好，再用铝箔纸包裹。　**技巧3**

5 烤盘中加入热水，放上

4，移至160℃的烤箱中加热60分钟。放至常温后，更换保鲜膜，冷藏保存。

6 上菜时，把**5**切成块，盛于盘中。装饰上蔬菜嫩叶、细叶芹，配上芥末，撒上黑胡椒。

技巧1　使用3种形状的鸡肉

使用剁成肉末、切成块状、整块切开等3种不同切法的鸡肉，保持口感的多样化。

技巧2　用手充分搅拌均匀

在工序**3**中搅拌时，用手搅拌才能整体搅拌均匀。

技巧3　均匀加热

用铝箔纸包裹，使鸡肉均匀受热，同时减少收缩量。因此，肉汁不会外溢，成品鲜嫩可口。

汆锅风味鸡肉酱

鸡腿肉、鸡胸肉、鸡肝🐓

在加热的鸡肉酱上浇上鸡架汤，蘸取自制橙醋酱油食用，是一道风味独特的热菜。模仿鸡肉汆锅而开发，使用酱油等调味，随处都暗藏着和风的味道，极具原创性。鸡肉酱也可以作为冷菜推出，承担着丰富料理种类的任务。

材料（10份分量）

鸡腿肉…500g　鸡胸肉…250g

鸡肝（→ p.147工序1中处理后的鸡肝）…150g

猪网油…适量　灯笼椒粉…适量

碎欧芹…适量　开心果…适量　清酒…150mL

白兰地…100mL　淡酱油（九州甜口酱油）…50mL

盐…适量　黑胡椒…适量　鸡架汤 ※…900mL

圆白菜…1/4个　葱油…25mL

橙醋酱油 ※※※…600mL　萝卜泥…适量

小葱…适量

做法

1 鸡腿肉、鸡胸肉、鸡肝用清酒、白兰地、淡酱油、盐、黑胡椒调味，腌制一晚。

2 把1中的所有食材对半切开，一半切成能一口吃下大小，一半剁成泥状。

3 在模具中铺上猪网油，放入2。考虑到外观，加入灯笼椒粉、碎欧芹、碎开心果。用猪网油覆盖封口。

4 把3放入200℃的烤箱中，烤盘中放上水，加热1小时。肉酱里面的温度以60℃左右为标准。

5 从烤箱中取出4，冷却至常温后，放在冰箱中保存。技巧1

6 使用时，从模具中取出肉酱，切成块。用烤箱稍微加热。技巧2

7 鸡架汤倒入小锅中，加入切碎的圆白菜，稍微加热。

8 在盘子上放上6，装饰上萝卜泥、小葱，浇上7。用葱油添香，配上橙醋酱油即可上菜。技巧3

※ 鸡架汤
<材料>5盘分量
　鸡架…1只鸡的鸡架　水…适量　盐…适量
<做法>
在锅中加入鸡架和水，煮2小时。取出鸡架，加盐调味。

※※ 橙醋酱油
<材料>1次烹饪量
　淡酱油（九州甜口酱油）…1800mL
　橙醋…1800mL　细砂糖…150g
　香橙果汁…1个分量　鲣鱼干…20g
<做法>
把材料混合均匀，在冰箱中冷藏1周。过滤后使用。

技巧1　快速上菜

肉酱可以冷藏保存1周。只需加热即可快速上菜。

技巧2　肉酱改为热菜

肉酱通常作为冷菜推出，但这道料理是把肉酱加热后作为热菜推出。

技巧3　橙醋带来新美味

引入和式味道，改成鸡肉汆锅风味。肉酱蘸橙醋酱油食用。

鸡肝慕斯

鸡肝🖤

虹吸瓶可以把液体状的食材加工成泡状，在餐桌上挤出慕斯的话，现场效果也非常出众。鸡肝慕斯较普通的同类料理使用了更多的鲜奶油，不使用胶质，主要依靠鲜奶油和鸡肝泥、虹吸瓶的力量来加工成形。成品是饱含空气的慕斯状态，口感绵软，受到好评。

材料（10盘分量）

鸡肝…500g　牛奶…适量
蒜油…70mL　月桂叶…1 片
牛至…1 束　清酒…80mL
白兰地…25mL　日式料酒…60mL
浓酱油（九州甜口酱油）…30mL
黄油…50g　奶酪粉…20g
鲜奶油…30mL　特级初榨橄榄油…30mL
碎欧芹…适量　法式面包片…适量

做法

1 把鸡肝洗净血，去除筋膜，在牛奶中浸泡 1~2 小时。

2 在锅中放蒜油，加入月桂叶和牛至加热。炒出香气后，放入沥干水分的**1**，中火加热。加热至八成熟时，加入清酒、白兰地并点火挥发酒精，加入日式料酒、浓酱油煮收汁。鸡肝煮熟，汤汁变黏稠后即可以关火。

3 把**2**、黄油、奶酪粉、鲜奶油、特级初榨橄榄油混合在一起用搅拌机搅拌成柔滑的浆状物。 技巧1

4 在盘中撒上碎欧芹，放上法式面包片和小碟子。在虹吸瓶中放入**3**，挤到小碟子里。 技巧2

技巧1 加工成全新口感的慕斯

为了用虹吸瓶加工成绵软的口感，较平时的鸡肝慕斯加入更多的鲜奶油使浆体更稀。用搅拌机搅拌时要仔细搅拌至没有颗粒感，确保慕斯不会堵在虹吸瓶中。

技巧2 用虹吸瓶表演上菜

使用虹吸瓶在餐桌上挤出慕斯的话，现场效果也非常出众。

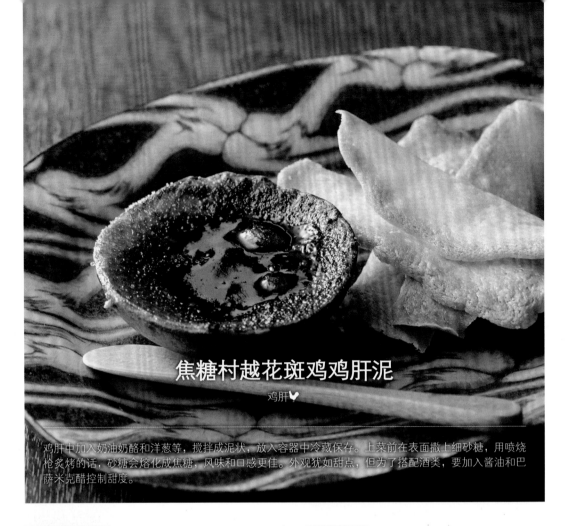

焦糖村越花斑鸡鸡肝泥

鸡肝 ❤

鸡肝中加入奶油奶酪和洋葱等，搅拌成泥状，放入容器中冷藏保存。上菜前在表面撒上细砂糖，用喷烧枪炙烤的话，砂糖会熔化成焦糖，风味和口感更佳。外观犹如甜点，但为了搭配酒类，要加入酱油和巴萨米克醋控制甜度。

材料（1次烹饪量）

鸡肝（村越花斑鸡）…250g

洋葱（切碎）…350g

生姜（切碎）…50g　日式料酒…100mL

清酒…50mL　浓酱油…43mL

奶油奶酪…90g

巴萨米克醋…1大勺

细砂糖…适量

自家制曲奇…适量

做法

1 把鸡肝过热水，撇去浮沫。

2 水洗1，和洋葱、生姜、日式料酒、清酒、浓酱油一起水煮并收汁。

3 把奶油奶酪在常温下放软，用搅拌机与2混合均匀。技巧1 加入巴萨米克醋调味，放入容器中冷藏保存。

4 使用时，盛于小碟子上，表面撒上细砂糖。用喷烧枪烤成焦糖，技巧2 放在盘中，配上自家制的咸味曲奇。

技巧1 加工成丝滑的口感

加入搅拌机中搅拌时，要充分搅拌加工成丝滑的口感。

技巧2 喷烧表面烤成焦糖

最后喷烧表面的细砂糖，烤出焦糖效果，犹如甜点一般的外观看起来很是有趣。

风干鸡脯肉

鸡脯肉 💛

这道菜是在家里风干鸡脯肉，制成肉干的风味。使用村越花斑鸡鸡脯肉，加清酒、料酒、浓酱油预先调味，置于通风良好的地方风干1周左右即完成。风干的鸡脯肉软硬度易于食用，浓缩的美味适合搭配酒类。快速炙烤后即可上菜，易于储存，损耗极低。

材料（1份分量）

鸡脯肉（村越花斑鸡）…1块

日式料酒…适量

清酒…适量

浓酱油…适量

做法

1 把鸡脯肉去除筋膜。

2 加入等量的日式料酒和清酒，煮沸后点火烧去酒精。放入锅中所剩液体一半分量的浓酱油，制作腌制液。

3 把 1 放入 2 中腌制2天后，放在通风良好的地方风干1周左右。 技巧1

4 使用时，炙烤 3，切成适当大小，盛于碟中即可上菜。 技巧2

技巧1 屋内风干，制成魅力料理

风干鸡脯肉，制成肉干风味。回味无穷，易于储存。

技巧2 易于储存，损耗极低

损耗极低，可以快速上菜。

白鸡肝泥（1）

白鸡肝❤

把脂肪含量丰富的白鸡肝加工成酱，和法式面包片、自制什锦腌菜、沙拉搭配在一起，作为前菜推出。白鸡肝和预先炒好的洋葱、白兰地、波特酒等混合翻炒，加入鸡汤煮收汁，然后加入黄油冷却凝固。整体调成甜味，衬托出鸡肝的鲜美味道。

材料（25人分量）

白鸡肝…2kg　牛奶（腌制用）…适量
盐…适量　白胡椒…适量　洋葱…400～500g
波特酒…200mL　白兰地…100mL
鸡汤…100mL　无盐黄油…300g
黑胡椒…适量　碎欧芹…适量　葡萄干…适量
什锦腌菜（图片是黄瓜、菜瓜、胡萝卜、萝卜）…适量
沙拉（图片是芥末拌金丝南瓜）…适量
法式面包片…适量

做法

1　去除白鸡肝中的血管，在牛奶中腌制一晚。从牛奶中捞起并晾干，撒上盐、白胡椒。

2　把洋葱切片，小火翻炒。成品量以200g为标准。洋葱翻炒成米黄色后，加入 1 大火加热。

3　在 2 中的白鸡肝受热，整体变成白色时，加入波特酒、白兰地，加热挥发酒精。 技巧1

4　在 3 中加入鸡汤，煮收汁。混合均匀后，收汁到还有一点水分的程度，加入无盐黄油混合均匀。 技巧2

5　把 4 放入模具中，在冰箱中冷藏凝固。

6　使用时，用挖球勺挖出 4 ，盛在盘中。撒上黑胡椒、碎欧芹，点缀上葡萄干。配上什锦腌菜、沙拉、法式面包片即可上菜。

技巧1　加入洋葱和波特酒增加甜味

白鸡肝适合微甜的味道。该料理不加白砂糖，而是通过加入洋葱增加自然的甜味。用波特酒和白兰地也是为了增加甜味，加工成适合搭配红酒的味道。

技巧2　收汁时保留水分

烹饪鸡肝泥时，翻炒的工序决定其软硬度。考虑到出锅前加入黄油，冷却后会变得更硬一些，收汁时要保留一些水分，有水分的话，黄油更容易熔化。

白鸡肝泥（2）

白鸡肝🐓

这道菜是红酒酒馆的基本料理鸡肝泥。不再把鸡肝泥烹饪成丝滑的口感，而是烹饪成一粒粒碎末的口感，其鲜美的味道非常具有冲击力，非常适合搭配红酒，有别于其他同类料理。让白鸡肝吸收鸡汤并加以炖煮，用凤尾鱼的咸味和水瓜柳的酸味加工成令人回味无穷的味道。

材料（6盘分量）

白鸡肝…300g　大蒜…少许　洋葱…1/6个

凤尾鱼…10g　水瓜柳…10g

欧芹…少许

橄榄油…少许　盐…适量　黑胡椒…适量

白葡萄酒…适量

清汤（用鸡架、洋葱、西芹炖煮）…适量

法式面包片…适量

哥瑞纳 – 帕达诺粉末奶酪…适量

特级初榨橄榄油…适量

做法

1 将白鸡肝去除筋膜，处理干净。

2 把大蒜切末，洋葱切片。

3 把凤尾鱼、水瓜柳、欧芹切末。

4 在锅中加入橄榄油，小火加热，放入蒜末 2 翻炒。炒出香气后，放入洋葱 2，无须炒上色，只要炒软即可。

5 把 1 加入 4，加入足量盐、黑胡椒。 技巧1 中火炒熟。上色后，加入白葡萄酒，挥发酒精。

6 加入鸡汤，刚刚没过白鸡肝即可，加热5分钟左右。煮沸后撇去浮沫，改小火炖15分钟。

7 在鸡汤减少到一半左右时，再次加入鸡汤， 技巧2 5分钟左右后加入 3。一边用打蛋器把白鸡肝压碎，一边煮15分钟。

8 把 7 转移到盆中，把盆放入冰水中，加入橄榄油。用打蛋器继续挤压白鸡肝碎块，混合均匀使之乳化。

9 把 8 转移到容器中，放入冰箱冷藏一晚。

10 使用时，烘烤法式面包片，把 9 置于其上。盛于盘中，撒上哥瑞纳 – 帕达诺粉末奶酪、黑胡椒，淋上特级初榨橄榄油。

技巧1　加入足量盐、黑胡椒

在白鸡肝中加入盐、黑胡椒时，因为后续工序中不再调味，所以在这道工序中要充分调味。

技巧2　让白鸡肝充分吸收鸡汤

让白鸡肝充分吸收鸡汤，如炖菜一般烹饪加工。

土鸡鸡脬肉酱

鸡脬🐓

这道菜是使用因油脂量少、健康而受到女性欢迎的鸡脬制作的肉酱。在事先准备时，通过油封的方法把鸡脬加工软糯，加入白葡萄酒、鲜奶油和油封鸡脬中的肉汁煮收汁，然后加入食品料理器中搅拌成泥，冷却凝固。此时，调整加入食品料理器中的肉汁分量，搅拌成口感适中的软硬程度。易于保存，适合快速上菜。

材料（4、5份分量）

油封鸡脬 ※…100g

白葡萄酒…50mL

鲜奶油…100mL

肉汁（制作油封鸡脬时的肉汁）…适量

白兰地…少许

法式面包片…适量

黑胡椒碎末…适量

做法

1. 把油封鸡脬、技巧1 白葡萄酒、鲜奶油放入锅中加热。液体收汁煮至1/3。

2. 趁热把1放入食品料理器中。留意软硬情况，加入肉汁进行调整。技巧2 放凉后，加入白兰地混合均匀，转移到方形盆中。冷藏保存。

3. 使用时，用勺子舀出2，盛于容器中。配上法式面包片，撒上黑胡椒碎末。

※ 油封鸡脬
<材料> 1次烹饪量
鸡脬…2kg　盐…20g
普罗旺斯香草（粉末）…5g
迷迭香…1束　色拉油…适量
<做法>
1. 鸡脬预先处理后，加入盐、普罗旺斯香草、迷迭香，腌制一晚。
2. 把1放入耐热容器中，加入色拉油直至没过食材。放入70℃的烤箱中加热2小时左右制作油封。
3. 从烤箱中取出2，冷却至常温后，浸在油中冷藏保存。
4. 使用时，从油中取出鸡脬。剩下的油冷却后会分成油和肉汁两层。去除油脂部分，取出肉汁保存。

技巧1　油封鸡脬，使其变软糯

通过油封的方法，把鸡脬加工软糯。浸泡在油中冷藏保存的话，可以保存2周以上。可以用作蒜茸鸡脬的食材，或者加入鸡肉酱、鸡肝泥中，做成各种各样的料理。

技巧2　注意水分，保持鲜嫩口感

制作油封鸡脬时，通过加入肉汁，烹饪出鲜嫩的口感。加入肉汁的标准为每100g固形物对应150mL肉汁。

油封鸡肝

鸡肝、鸡心 🐓

鸡肝完全没有腥味是因为烹饪过程中低温缓慢加热的缘故。高温加热的话，食材会有腥味，同时会变得又干又硬，所以油封的过程中要时常进行搅拌。鲜嫩柔软的鸡肝非常适合搭配红酒，有很多客人在享用这道美食时都会搭配红酒。

材料（1次烹饪量）

鸡肝、鸡心…共1.4kg

盐…22g

黑胡椒…适量

色拉油…适量

橄榄油…适量

大蒜（带皮）…1头

迷迭香、鼠尾草…各适量

做法

1. 准备事先处理好的鸡肝和鸡心，加盐并撒上黑胡椒，整体搅拌均匀后，放入保存容器中，腌制4天。技巧1

2. 用水冲洗1，放在厨房纸巾上面吸干水分。

3. 在锅中混合等量的色拉油和橄榄油，加入大蒜、迷迭香、鼠尾草并加热。超过80℃时，放入2中的鸡肝和鸡心，保持74℃左右，慢慢搅拌均匀，煮15分钟左右。技巧2、3

4. 煮到15分钟时，关火。为了不让余热过度加热食材，把锅放到冰水中冷却。缓慢搅拌均匀直至冷却。技巧4

5. 冷却后连油一起转移到保存容器中，保持浸泡在油中的状态冷藏保存。

6. 使用时，取出切成易于食用的大小，1盘盛放100g左右。

技巧1 用盐腌制，激发美味

鸡肝用盐腌制，充分搅拌入味，可以激发食材的美味。

技巧2 混合两种油

混合色拉油和橄榄油使用。橄榄油是烹饪出浓厚口感的必需品，但冷却后会凝固，所以和色拉油混合使用。

技巧3 低温细火慢煮

突然急剧加热的话，鸡肝会变得又干又硬。用温度计测量并保持一定的温度，低温慢煮，鸡肝和鸡心都会变得鲜嫩柔软。

技巧4 急速冷却

油在关火后温度还会上升，因此要连锅一起急速冷却，防止油温继续升高。

葱白炒油封鸡胗

鸡胗🐓

通过油封的方法，即使是对鸡胗口感有抵触的人也能够接受。黄油和香草的味道可以激起食欲，大葱的口感也是品尝的重点，非常适合搭配酒类。不仅适合搭配啤酒，还非常适合搭配红酒和日本酒。此菜品极受欢迎，是一道出色的基本料理。

材料（1次烹饪量）

鸡胗…1kg
橄榄油…适量
大蒜…适量
迷迭香…适量
葱白…适量
香草黄油
└无盐黄油、薤白、欧芹、莳萝…各适量
盐…适量
黑胡椒…适量

做法

1 把处理后的鸡胗、橄榄油、大蒜、迷迭香放入密封袋中，抽成真空。

2 在锅中烧开水，到68℃时，放入**1**，保持该温度水煮，进行油封。 技巧**1**

3 把**2**冷藏保存。

4 制作香草黄油。无盐黄油在常温下放成奶油状，混合切碎的薤白、欧芹、莳萝，用保鲜膜包裹并卷成筒状，放入冰箱中冷却。
技巧**2**

5 使用时，把**3**放入锅中，加入切成2cm长的葱白，撒上盐、黑胡椒，开中火翻炒。

6 葱白上色后，加入**4**，加盐、黑胡椒调味，盛于容器中即可上菜。

技巧**1** 真空调理进行油封

鸡胗用炒熟的方法容易变老，所以用真空调理的方法慢慢加热。油封后，鸡胗会变得软嫩，并且充分入味。根据鸡胗的分量调整水煮的时间。

技巧**2** 香草黄油是味道的关键所在

即使是在普通的黄油中加入香草，风味也会大不相同。黄油在常温下放软后，整体混合香草，可以防止香味不均匀。不用转移到容器中，仅用保鲜膜包裹即可。

熏制河内鸭火腿

鸭胸肉

河内鸭，浓缩的美味，特别的口感，通过熏制的方法可以激发其更深层次的味道。木屑使用没有特别味道的樱花木，突出鸭肉独特的风味。盐腌黑胡椒微辣的刺激感勾起食欲，可以搭配啤酒、红酒等享用。

160

材料（1次烹饪量）

鸭胸肉（河内鸭）…1块（约360g）

盐…鸭肉重量的3%

黑胡椒…鸭肉重量的1%

樱花木屑…适量

盐腌黑胡椒…适量

芝麻菜幼苗…适量

做法

1. 鸭胸肉的鸭皮表面切成格子状。撒上鸭胸肉重量3%的盐、1%的黑胡椒，腌制一晚。

2. 锅中不加油，用中火加热鸭皮至上色，去除多余的油脂。瘦肉侧快速煎上色。 技巧1

3. 在熏制锅中放入2，点燃樱花木屑，盖上锅盖熏制约10分钟。 技巧2

4. 熏制结束后，冷藏保存。

5. 使用时，把4切成厚约3mm的薄片，盛于盘中，配上盐腌黑胡椒和芝麻菜幼苗即可上菜。

技巧1 激发鸭胸肉的香味

鸭胸肉煎鸭皮一侧，去除多余的脂肪，瘦肉一侧则大火快速煎上色。加工的过程中把新鲜鸭肉的肉汁保留在鸭肉里，因此可以品尝到鸭肉原本的味道。

技巧2 使用自制熏制器

在平时不使用的锅中挂上3个S形挂钩，把圆形的烤网挂在挂钩上进行熏制。锅本身比较大，可以熏制相当分量的东西，非常方便。

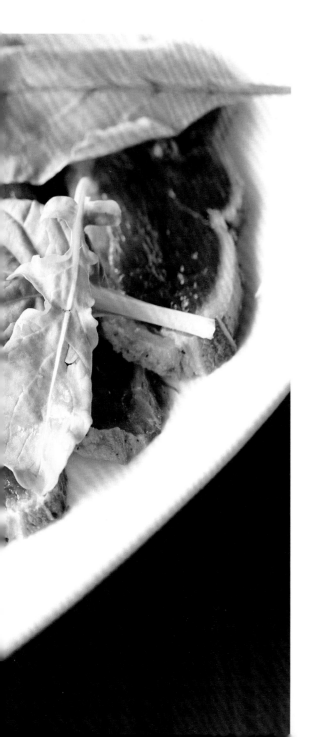

葱花满满大山母鸡肉

鸡腿肉❤

这道菜是用堆成小山般的葱花给人冲击力的人气料理。为了更好地激发大山母鸡肉的鲜美味道，配上带有轻微的柑橘味道的橙醋酱油调味。客人评价说，不仅可以搭配啤酒，搭配红酒也非常好吃。

材料（1盘分量）

大山母鸡鸡腿肉…150g

盐…适量　黑胡椒…适量

萝卜泥…适量

葱叶…适量　白芝麻…适量

干辣椒丝…适量　橙醋酱油…适量

做法

1 在经过处理的鸡腿肉上多撒些盐、黑胡椒，大火从鸡皮侧开始炙烤。炙烤上色后，翻面把瘦肉侧烤至上色的程度。
　技巧1

2 把 1 切成薄片。

3 把 2 盛于盘中，萝卜泥冲水，沥干水分，和葱花一起置于其上。
　技巧2 最后撒上白芝麻和干辣椒丝，浇上橙醋酱油即可上菜。

技巧1　大火炙烤保留鸡腿肉的美味

大火炙烤鸡皮，烤出网状纹，看起来更加可口。但是，鸡腿肉炙烤过度的话，鲜美的油脂会大量流失，因此鸡腿肉的表面和背面都要一次性烤好。

技巧2　用小小山般的葱花增加冲击力

不仅口味清淡，放上大量葱花，外观给人冲击力也是这道料理的卖点之一。初次品尝这道料理的客人都会感到非常惊讶，印象深刻。

炙烤合鸭肉

鸭胸肉🦆

炙烤鸭胸肉表面，放入荞麦面汤汁中大火加热，取出后，用余热继续加热。和荞麦面汤汁一起放入容器中保存，使用时切块装盘。炙烤后，用铁扦穿好，悬在盆中去除血水，这非常关键。直接食用，或者包上葱白丝，都能品尝到十足的美味。

材料(1次烹饪量)

鸭胸肉…150g

荞麦面汤汁（→p.55）…1L

煮油菜（→p.55）…适量

葱白丝…适量

黄芥末…少许

做法

1. 在鸭胸肉的鸭皮上切口。鸭皮朝下放入锅中，大火加热。煎上色后翻面加热，煎另一面。

2. 把 **1** 穿在铁扦上，悬在盆中，去除血水。
   技巧1

3. 在锅中放入 **2**、荞麦面汤汁，大火加热10分钟。关火，用余热继续加热。在常温下冷却，转移到容器中冷藏保存。

4. 使用时，把 **3** 切片盛在容器中，配上煮油菜、葱白丝、黄芥末。

技巧1 **充分去除血水**

整体炙烤鸭肉表面，在腌入荞麦面汤汁前，充分去除血水，以消除腥臊味。

大山鸡腿肉卷

鸡腿肉 🐓

通过包裹肉冻，可以加工出肉汁丰富的口感，而仅使用鸡肉的话，会稍微有所不足。肉冻中的猪脚、猪耳朵用水、香料、盐、白葡萄酒等炖煮，加入芥末粒和碎欧芹提升风味。酱汁也使用芥末，加工出清爽的辣味和酸味。鸡肉使用山阴名鸡"大山鸡"。

材料（1盘分量）

鸡腿肉（大山鸡）…1块

盐、白胡椒…各适量

猪脚和猪耳朵肉冻※…适量

猪网油…适量

低筋面粉…适量

橄榄油…适量

菠菜…适量

黄油…适量

芥末酱汁…适量

做法

1. 在鸡腿肉上撒上盐、白胡椒，腌制20~30分钟。

2. 猪脚和猪耳朵肉冻根据鸡腿肉1的大小切开。

3. 鸡皮朝下，把鸡腿肉1片开，去除多余的筋膜和油脂，放上肉冻2，从两端紧紧包裹起来。再用猪网油包裹外表，用粗棉线整体绑紧。 技巧1、2

4 给 **3** 裹上薄薄的低筋面粉，放入烧热橄榄油的锅中，用大火煎整个肉块。 技巧3

5 煎上色后，放入200℃的烤箱中烤制10分钟。

6 准备好热水焯过的菠菜，用黄油翻炒，加入盐、白胡椒。

7 在鸡汁中加入法式芥末、芥末粒、榛子油、百里香，做成芥末酱汁用来调味。

8 **5** 烤好后，解开粗棉线，切成易于食用的大小。
在盘中铺上 **6**，浇上 **7**。

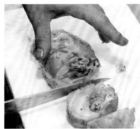

※ 猪脚和猪耳朵肉冻
<材料> 1次烹饪量
猪脚、猪耳朵…各适量　水…适量
香料（月桂叶、大茴香、丁香、黑胡椒粒、白胡椒粒、龙蒿、百里香）…适量
盐…适量　白葡萄酒…适量　白胡椒…各适量
芥末粒、碎欧芹…各适量
<做法>
1 在猪脚和猪耳朵中加入水、香料以及大量的盐、白葡萄酒，煮4~5小时。
2 煮软后，取出猪脚和猪耳朵，猪脚去骨，放在盆中冷冻保存。
3 使用 **2** 时，解冻并切成易于食用的大小，加入盐、白胡椒、芥末粒、碎欧芹调味，用保鲜膜包裹成筒状，冷却使其凝固。

技巧1　提升鸡肉的价值

用包裹猪脚和猪耳朵肉冻的办法，提升鸡肉料理的价值。加热后，肉冻融化，鸡肉变得鲜嫩。该料理可以品尝到猪耳朵吃起来"嘎吱嘎吱"的口感和芥末的酸味、欧芹的香味等多种味道，美味十足。

技巧2　添加油脂的浓厚口感

用猪网油包裹鸡肉卷，把油脂的香味转移到鸡肉上的同时，还方便油煎、烘烤。

技巧3　裹上面粉

为了把表皮加工酥脆，裹上一层薄薄的低筋面粉煎至金黄。容易上色，并且颜色美观。

马肉

15种

特选马腰肉排

马腰肉

肉排充分发挥可以生吃的马肉原味，把马肉嫩烧成一分熟状态，让客人感受到肉汁丰富的味觉。一口气大火炙烤喷香。除了马腰肉做成的肉排以外，还可以用肩胛肉、马五花肉做成肉排，甚至还可以做成拼盘，让客人充分享受到马肉的魅力。可以以100g 或50g 为单位上菜。

材料(1份分量)

马腰肉…130g

盐…少许　黑胡椒…少许

茄子…适量　西葫芦…适量

色拉油…适量

土豆泥…适量

水芹…适量　胡萝卜（雕花）…1片

得克萨斯酱汁※…适量　山葵…适量

做法

1 在马腰肉两面撒上盐、黑胡椒，放在铁板上。
用250℃的大火烤1分钟，翻面再烤1分钟。
技巧1

2 把茄子和西葫芦切成不规则形状，放入
180℃的色拉油中炸一小会儿。

3 在木盘中放上**1**、**2**、土豆泥、水芹、胡萝卜，
配卜得克萨斯酱汁、**技巧2** 山葵。

※ 得克萨斯酱汁
<材料>1次烹饪量
　芥末…160g　蜂蜜…80g　蛋黄…1个
　白葡萄酒醋…3g　蛋黄酱…30g
　番茄酱…30g　盐…适量　白胡椒…适量
　芥末粒…35g　柠檬汁…2小勺
<做法>
把所有材料放入锅中，隔着热水搅拌均匀。

技巧1 大火一口气煎好

两面分别大火煎1分钟，客人可以品尝到表面香
气浓郁、里面肉汁丰富的口感。

技巧2 可以从3种酱汁中选择

肉排酱汁除右图右侧
的得克萨斯酱汁以外，
还可以从罗勒叶黄油
酱汁*、萝卜泥橙醋
酱汁**中选择喜欢的
味道。

*罗勒叶黄油酱汁
<材料>1次烹饪量
　罗勒叶…15片
A
　黄油…250g　蒜末…40g　盐…适量
　白胡椒…适量
<做法>
1 用搅拌机把罗勒叶搅碎。
2 在盆中加入材料A，放入**1**，用木铲搅和均匀。黄油
变成可以用手捏的软硬度时，倒入保鲜膜中，放入
冰箱冷藏凝固。

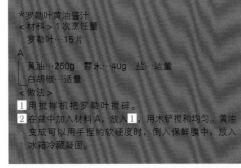

**萝卜泥橙醋酱汁
<材料>
　萝卜泥…适量　山葵茎…适量　橙醋酱油…适量
<做法>
把所有材料混合在一起。

材料(1盘分量)

马肩胛肉…120g 盐…2g 黑胡椒…1g 低筋面粉…适量 鸡蛋液…适量

面包屑…适量 帕尔玛奶酪…面包屑1/10的分量 橄榄油…1大勺 黄油…10g

多明格拉斯酱汁 ※…50mL 圆白菜 (切丝)…适量 芥末…适量

做法

① 将面包屑和帕尔玛奶酪按照10：1的比例混合。 **技巧①**

② 在马肩胛肉的两面撒上盐、黑胡椒。裹上低筋面粉，掸掉表面多余的面粉，过鸡蛋液，裹上①。

③ 在锅中加入橄榄油，大火加热。 **技巧②** 放入②，煎上色后翻面。背面煎上色后，加入黄油，改小火。

④ 把多明格拉斯酱汁放入耐热器皿中，盖上保鲜膜，
用微波炉加热。

⑤ 在盘中盛上圆白菜丝、③，浇上④，配上芥末。

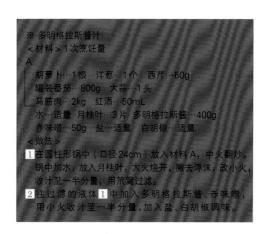

※ 多明格拉斯酱汁
＜材料＞1 次烹饪量
A

┌ 胡萝卜…1根 洋葱…1个 西芹…50g
│ 罐装番茄…800g 大蒜…1头
└ 马筋肉…2kg 红酒…50mL

水…适量 月桂叶…3 片 多明格拉斯酱…400g

赤味噌…50g 盐…适量 白胡椒…适量

＜做法＞

① 在圆柱形锅中（口径24cm）放入材料A，中火翻炒。
锅中加水，放入月桂叶，大火烧开，撇去浮沫，改小火，
收汁至一半分量，用笊篱过滤。

② 往过滤的液体①中加入多明格拉斯酱、赤味噌，
用小火收汁至一半分量，加入盐、白胡椒调味。

技巧① **在面包屑中加入奶酪**

面包屑中混入帕尔玛奶
酪，加工成西式风味。

技巧② **使用橄榄油**

煎马肩胛肉的油最开始使用的是色拉油，但是改成
橄榄油后香气更浓郁。

油炸马肉排

马肩胛肉

油炸马肉排使用马肩胛肉。马肩胛肉含有适量的油脂，更加鲜嫩，成本上也易于控制。面包屑中混入其分量1/10的帕尔玛奶酪，煎时最后加入黄油，可以衬托出该料理的西式风味。正因为马肉可以生吃，所以嫩烧成一分熟的状态，使客人可以享受到丰富的肉汁。

牛肉 31种

猪肉 31种

鸡肉、鸭肉、鹅肝 32种

马肉 15种

其他 19种

熔岩烧马肉

马五花肉

使用桌上的小炉子，在加热的熔岩板上烧烤马五花肉，享受烤肉料理的乐趣。在稍大块的石头上盛放马五花肉的大胆方法也获得好评。烤蔬菜的种类因时而异。蘸盐食用或者把山葵拌在酱油中食用等，请客人以简单的调味方法品尝马肉。

材料(1人分量)

马五花肉…100g

A

　南瓜…适量

　红灯笼椒…适量

　黄灯笼椒…适量

　秋葵…适量

　杏鲍菇…适量

　水芹…适量

　玉米笋…适量

盐…适量

山葵…适量

紫苏穗…适量

做法

1 处理马五花肉，去除表面的油脂和筋膜。把处理好的马肉块切成片。

2 将 1 放在盛于盘中的石头块上，配上切成适当大小的材料A，再添上盐、山葵、紫苏穗即可上菜。 技巧1

技巧1 富有冲击力的盛盘方法

在日常生活用品店购入的大石头上盛放马五花肉，这种极富冲击力的盛盘方法会令客人感到惊叹。

竹筒风情鞑靼马肉沙拉

马肉（瘦肉）

该料理从法式前菜中得到灵感而开发。用蒜香酱油调味，使该料理不仅可以搭配红酒，还可以搭配日本酒和烧酒等。把马肉剁碎，加工成适合搭配法式面包片或者其他料理食用的柔滑口感。

材料（1份分量）

马肉（生吃用）…50g

洋葱…适量

盐…适量

白胡椒…适量

白砂糖…适量

蒜香酱油…适量

拉比格特调味酱汁…适量

法式面包片…适量

欧芹…适量

做法

1 把马肉切碎，剁成肉馅。

2 在盆中放入 1 和洋葱末，撒上盐、白胡椒，加入白砂糖、蒜香酱油、拉比格特调味酱汁，混合均匀。 技巧1

3 把 2 放入竹筒中，盛在容器中，配上法式面包片和欧芹即可上菜。 技巧2

技巧1 调味要稍重

可以作为下酒菜直接食用，但考虑到肉馅可以放在法式面包片等其他食材上食用，调味要稍重些。加入足量的拉比格特调味酱汁也会使肉馅更好吃。

技巧2 刚做好时最好吃

该料理使用新鲜的马肉，因此推荐加入调味料混合均匀后马上端上餐桌请客人品尝。

奶酪风味鞑靼马肉沙拉

马肩胛肉

马肉用刀剁碎，加盐调味，加工成鞑靼风味。该料理充分发挥素材的原味，调味方法简单，搭配用香料腌制过的薤白和充分熟成的硬质奶酪，加工成适合红酒的风味。马肉使用含油脂的马肩胛肉，剁成稍大块的肉馅以保持口感。

材料（1盘分量）

马肩胛肉（生吃用）…100g　蛋黄…1个

腌薤白［薤白加入迷迭香和龙蒿等香料腌制而成。没有的话，在糖醋薤白中撒上普罗旺斯香草（粉末）也可以］…3个

水瓜柳…适量　盐…适量　黑胡椒…适量

叶类蔬菜（紫生菜、芝麻菜、蔬菜嫩叶、水菜）…各适量

孔泰（硬质奶酪）…10g

特级初榨橄榄油…适量

做法

1 把马肉沿着纤维切成细长条。然后把纤维切断，切成小块。

2 用菜刀剁成稍大块的肉馅，注意保持**1**的口感。
技巧**1**、**2**

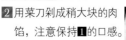

3 在盆中加入**2**、切碎的腌薤白、蛋黄、水

瓜柳，撒上盐、黑胡椒。搅拌均匀后，放入模具中。

4 在盘中放上**3**，脱下模具。装饰上叶类蔬菜，奶酪擦成丝。淋上特级初榨橄榄油。

技巧**1** 在马肉切法上动脑筋

在切马肉的时候考虑纤维的方向，可以使马肉更易于食用。切断马肉纤维后，再剁成稍大块的肉馅，保持马肉的口感。

技巧**2** 使用马瘦肉加工成清淡口感

除了马肩胛肉以外，腿肉和排骨肉也适合做成鞑靼马肉沙拉。

鞑靼马肉沙拉
马里脊肉

有效利用马肉刺身用不了的边角肉，制成鞑靼马肉沙拉。图片中使用的是马里脊肉，也可以使用腱肉。以前也加入塔巴斯哥辣酱调味，有的客人不能吃辣，所以现在不用于调味，而是改成另外搭配辣酱，请客人根据喜好添加。

材料（1盘分量）

马里脊肉（生吃用）…80g

洋葱…5g

A

　水瓜柳…1小勺　芥末…1小勺

　番茄酱…1小勺　蛋黄…1/2个

　盐…少许　黑胡椒…少许

　橄榄油…5mL

　莳萝黄瓜酱…1大勺

紫叶生菜…适量

绿叶生菜…适量

塔巴斯哥辣酱…适量

做法

1 把洋葱切成末，在盆中和材料A混合。

2 把马里脊肉切成5mm大小的小块肉馅，与 1 混合均匀。 技巧1

3 在盘中放上紫叶生菜、绿叶生菜，盛上 2 。配上塔巴斯哥辣酱。

技巧1　有效利用边角肉

充分利用做马肉刺身的多余马肉。因为马肉刺身所用的马肉品质较高，所以边角肉的成本也较高。把马肉切碎，即使是较硬的部分也变得易于食用。

马肉乡土料理
马腿肉 🐎

马肉可生吃，该料理有效利用边角肉制成一道独特的料理。建议在享用这道菜之前先吃些别的菜，以便仔细品尝。味道浓厚，令人印象深刻。把马肉预先剁成肉馅，上菜时配上大葱和绿紫苏叶，可以防止马肉变色和香味流失。

材料（1盘分量）

马腿肉（生吃用）…60g

A

　大葱（葱白部分）…1/3根

　生姜末…1块分量　绿紫苏叶（切丝）…2片

　赤味噌…1大勺　浓酱油…少许

洋葱…适量

绿紫苏叶…1片

葱白丝…适量

做法

1 把马腿肉剁碎，用菜刀剁成肉馅。 技巧1

2 在盆中放入1、材料A，搅拌均匀。

3 在盆中放上切成丝的洋葱、绿紫苏叶，盛上2，放上葱白丝。

技巧1　有效利用边角肉

有效利用马肉刺身的边角肉，加工成美观又可口的下酒菜。

凉拌马黄喉

马黄喉 🐎

马黄喉只需在热水中煮过就可以食用，让客人简单地品尝到黄喉吃起来"咔滋咔滋"生脆的口感。加工方法简单，只需要在汤汁和橙醋酱油中腌制2~3天即可，可以快速上菜。把鲨鱼软骨拌梅肉用作配菜，铺在黄喉下面，突出分量感。鲨鱼软骨拌梅肉与黄喉形成鲜明对比的口感也是该料理的魅力之一。

材料（8份分量）

马黄喉…500g

橙醋酱油…300mL

汤汁（鲣鱼干、海带）…300mL

鲨鱼软骨拌梅肉…适量

小葱…适量

干辣椒丝…适量

柠檬…8片

做法

1 将马黄喉放入
热水中煮5~10
分钟。

2 取出 **1**，放入
盆中，为保持
黄喉表面湿润，
把毛巾盖在盆
上，常温下冷
却。切成易于
食用的大小。

3 在容器中加入
等量的橙醋酱
油和汤汁，把 **2** 腌入其中，冷藏保存。 技巧**1**

4 将鲨鱼软骨拌梅肉放入水中泡发5~10分钟。

5 上菜时，在容器中铺上 **4**，盛上 **3**（1份分量
60g），撒上葱花、干辣椒丝，配上切片柠檬。

技巧**1** 加工方法简单

加工方法简
单，开水煮
过后，腌入
混合汤汁和
橙醋酱油的
腌制液中即
可。

蜗牛风蒜香马杂

马杂 🐎

在思考"能不能用马杂烹饪出什么有趣的料理？"时，因为马杂外观看起来类似贝类，所以想出了用蜗牛盘烹饪上菜的方法。其外观让人误以为是真正的食用蜗牛，并且使用蒜香油焗料理这种流行的烹饪方法也是该料理的魅力之一。作为令人备感亲切的一道料理，极受好评。

材料（1份分量）

马杂 ＊…60g

大蒜…12瓣

松伞蘑…1个

朝天椒…适量

盐…适量

橄榄油…适量

法式面包…适量

碎欧芹…适量

做法

1 把马杂切成小勺子左右的大小。大蒜和松伞蘑切片。朝天椒切圈。

2 在蜗牛盘中放入 1 、适量的盐、60mL 橄榄油，放入200℃的烤箱中加热10分钟。技巧 1 、 2

3 把法式面包切片，淋上橄榄油，放入烤箱中烘烤，撒上碎欧芹。

※ 马杂
<材料> 1次烹饪量
各种马杂（大肠、小肠、马胃）
…1kg
生姜皮…1块分量
葱叶…2棵分量
水…3L
清酒…30mL

<做法>
1 在锅中加入各种马杂、生姜皮、葱叶、水、清酒，大火加热。沸腾后改用小火，煮1小时。
2 用笊篱捞起 1 ，去除生姜皮和葱叶，冷藏保存。

技巧 1　用蜗牛盘烹饪，令人感到惊讶

用蜗牛盘烹饪上菜，令人大感意外，不由得发出惊叹："这个莫非是蜗牛？"

技巧 2　放入少量橄榄油

因为使用了蜗牛盘，比一般的蒜香油焗料理用的橄榄油要少。

番茄炖马脸肉

马脸肉 🐎

用马脸肉烹饪的西式炖菜料理。肉中的筋膜经过炖煮，会变软糯，可以连筋一起品尝。该料理也可以使用马腱子肉。翻炒马脸肉时，裹上一层薄薄的低筋面粉，一口气大火加热，把美味保留在肉中。炖马脸肉时会溢出许多肉汁，所以加水炖马脸肉即可，不用加清汤，这一点也很关键。

材料（1盘分量）

马脸肉…80g
盐…少许
黑胡椒…少许
低筋面粉…少许
色拉油…少许
大蒜…2瓣
洋葱…1/8个
松伞蘑…1/2个
鹰嘴豆（水煮）…25g
橄榄油…适量
罐装番茄…200g
番茄泥…50g
浓酱油…1/2小勺
中浓酱汁…1/2大勺
水…90mL

做法

1 去除马脸肉表面的筋，处理干净，切成一口能吃下的大小。

2 在**1**上撒盐、黑胡椒，裹上一层薄薄的低筋面粉。

3 在锅中加入色拉油，大火加热，翻炒**2**。用厨房纸巾擦去肉中溢出的油脂，翻炒至表面上色。

4 在另外的锅中倒入橄榄油，小火加热，放入切成片的大蒜，慢慢让蒜香渗入橄榄油中。蒜片变成黄褐色后，加入切成长方块的洋葱、切片的松伞蘑，继续翻炒。

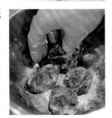

5 翻炒至一定程度后，往**4**中加入罐装番茄，并且加入番茄泥轻轻翻炒。**技巧1** 加入浓酱油、中浓酱汁，**技巧2** 并且加入水，收汁至一成左右，加入鹰嘴豆、**3**。

6 把**5**转移到耐热器皿中，用180℃的烤箱加热20分钟。

技巧1 加入番茄泥翻炒

加入番茄泥，轻轻翻炒，使酸味变温和，衬托出甜味。

技巧2 缩短烹饪时间

作为调料而加入的中浓酱汁包含了各种香草，比直接用香草煮更能缩短调味的时间。

炖马筋肉

马筋肉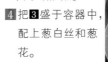

将马筋肉煮软，然后和萝卜、胡萝卜、牛蒡等蔬菜以及蒟蒻一起煮。加调料煮好后，放置1天左右使其充分入味，成为鲜美可口的菜品。使用马肉，使常规的炖菜令人耳目一新，可以品尝新颖的味道。

材料（10份分量）

马筋肉…1kg
葱叶…适量
胡萝卜…1根
萝卜…1/2根
牛蒡…1根
蒟蒻…1块
水…适量
清酒…400mL

A
　芝麻油…20mL
　赤味噌…200g
　白味噌…100g
　白砂糖…30g
　蒜末…30g
　生姜末…30g

＜上菜用（1份分量）＞
炖马筋肉…200g
葱白丝…适量
葱花…适量

做法

1 将马筋肉和葱叶一起预先煮3小时，切成易于食用的大小。 技巧1

2 将胡萝卜切成半月形（大块的切成银杏叶状），萝卜切成银杏叶状，牛蒡斜着切成薄片。蒟蒻预先煮过后，切成易于食用的大小。

3 在锅中放入 1 、 2 ，加水，大火加热。沸腾后，改中火，途中加清酒煮30分钟。按顺序放入材料 A，继续煮30分钟。放置1天左右，冬天时放入保温器中，其他时候放入容器中冷藏保存，使用时取所需的量用小锅加热。

4 把 3 盛于容器中，配上葱白丝和葱花。

技巧1 创新基本料理

炖菜是每家店都有的基本料理。在炖菜中使用马筋肉，令人耳目一新。

蒸千层马肉

马肩胛肉 🐎

交互重叠放置的马肩胛肉和白菜用蒸笼蒸熟，犹如"夹心千层蛋糕"一般。搭配芝麻佐料汁食用。虽然用的是白菜，但其味道类似圆白菜肉卷。在早春圆白菜上市的季节，也会使用圆白菜代替白菜。该料理以马肉为主角的同时，可以品尝到蔬菜，而不仅是把蔬菜作为配菜。

材料(8人分量)

马肩胛肉…200g
白菜…1/2个
清酒…200mL
盐…20g
干辣椒丝…适量
芝麻佐料汁…适量

做法

1 把白菜较厚的地方用刀削平，统一削成均匀的厚度。

2 在蛋糕模具中铺上保鲜膜，放入白菜、切成片的马肩胛肉，倒上清酒，撒上盐。重复放上三四层，用保鲜膜封口。
  技巧 1

3 把 2 放入蒸笼中蒸 15 分钟， 技巧 2 在常温下冷却。切成 1 人分量，放入容器中，冷藏保存。

4 使用时，把 3 放入蒸笼中蒸 5 分钟。 技巧 3

5 把 4 对半切成梯形，盛于容器中，放上干辣椒丝。配上芝麻佐料汁。

技巧 1 使用万能的白菜

最开始使用圆白菜，但是现在改成了万能的白菜。早春圆白菜非常鲜美的时期，也可以使用圆白菜，根据情况随机应变，使用不同蔬菜。

技巧 2、3 快速上菜

在二次蒸的工序中就准备好了该料理，烹饪和装盘都不费功夫。

火辣马肉

马肉条🐴

把使用鸡肉烹饪而成的韩国劲辣料理"火辣鸡肉"改为使用马肉。首先调制辣味酱汁，其次尝试多种部位马肉之后，得出的结果是肋排之间的肋条肉最为适合这道料理。口感好，越嚼越能品尝到回味无穷的辛辣味道。用烤箱烤熟并盛于铁板上，直到上菜都是热乎乎的。

材料（1份分量）

马肋条…70g

朝天椒…1个

色拉油…适量

辣味酱汁

　药念酱…50g

　浓酱油…2大勺

　豆瓣酱…9g

　一味辣椒粉…7g

　蜂蜜…25g

　蒜末…1g

做法

1. 处理马肋条表面，用去筋膜器去除筋膜。切成1cm宽。 技巧1

2. 制作辣味酱汁。在盆中混合所有材料。

3. 把2放入1中，轻轻揉搓。

4. 在不锈钢盘中盛上3，放入200℃的烤箱中加热7分钟。

5. 在烧热的铁板上盛上4，配上用色拉油炸过的朝天椒。 技巧2

技巧1 仔细去除筋膜

马肋条中有一根很粗的筋膜，因此要用去筋膜器仔细去除筋膜。

技巧2 朝天椒给人视觉上的辛辣感

配上油炸的朝天椒，在视觉上给人以辛辣感。

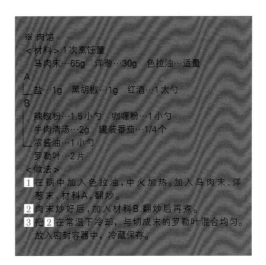

玉米薄饼卷马肉馅

马肉肉末

玉米薄饼卷肉是墨西哥料理中最具代表性的料理。把马肉用作肉馅，是马肉专卖店特有的一道菜品。在肉馅中加入辛辣的辣椒粉、特别的咖喱粉、增添风味的红酒、令人备感亲切的浓酱油等各种素材进行调味，其美味令人欲罢不能。

材料(1份分量)
玉米薄饼…2张
肉馅 ※…40g (1个分量)
生菜…1/8个 (1个分量)
萨尔萨辣酱…1大勺 (1个分量)

做法
在玉米薄饼中夹上肉馅 技巧1 、2 、生菜丝、萨尔萨辣酱，盛于盘中。

※ 肉馅
<材料>1次烹饪量
　马肉末…65g　洋葱…30g　色拉油…适量
A
└ 盐…1g　黑胡椒…1g　红酒…1太勺
B
├ 辣椒粉…1.5小勺　咖喱粉…1小勺
│ 牛肉清汤…2g　罐装番茄…1/4个
└ 浓酱油…1小勺
罗勒叶…2片
<做法>
1 在锅中加入色拉油，中火加热。加入马肉末、洋葱末、材料A，翻炒。
2 肉末炒好后，加入材料B翻炒后再煮。
3 把 2 在常温下冷却，与切成末的罗勒叶混合均匀。放入密封容器中，冷藏保存。

技巧1 红酒和酱油增添美味

玉米薄饼的肉馅用红酒增添风味，加入浓酱油调制成日本人喜欢的味道。

技巧2 先炒后煮，挥发水分

烹饪玉米薄饼的肉馅时，洋葱中会溢出水分，先翻炒再煮可以充分挥发水分。

青椒马肉丝
马肩胛肉 🐎

用马肉烹饪中国名菜青椒肉丝，加工成马肉专卖店特有的一道料理。流行料理的亲切感，再加上比猪肉更软嫩的马肉特有的口感会给这道料理带来全新的风味。适合作为下酒菜，也适合下饭，适合多种场合，极受重视。

材料(1盘分量)

马肩胛肉…60g　竹笋（水煮）…60g

青椒…1/2个　低筋面粉…适量

盐…少许　黑胡椒…少许　色拉油…适量

A

　浓酱油…1大勺

　清酒…2小勺

　白砂糖…2小勺

└蚝油…2小勺

做法

1 把马肩胛肉切成细条。

2 在盆中加入 1 、低筋面粉，揉搓均匀，混合盐、黑胡椒。

3 把竹笋、青椒切成丝，用笊篱放入180℃的色拉油中油炸。 技巧1

4 在盆中把材料A 混合均匀。

5 在锅中加色拉油，中火加热，放入 2 、 3 轻轻翻炒，加入 4 ，拌匀。盛于盘中即可上菜。

技巧1　蔬菜快速油炸

竹笋和青椒快速油炸，可以缩短烹饪时间。

其他

19种

双拼汉堡肉饼

猪前腿肉、牛肉末、牛油脂

汉堡肉饼不强调把肉汁保留在肉饼中，而是突出肉饼浓郁的香气和十足的分量，并以此为魅力。肉饼一口咬下去马上碎开，土豆丝饼把土豆丝烤成型，二者搭配在一起，可以让顾客品尝到浑然一体的口感和风味。犹如烤薄饼一般的盛放方法也给人深刻的印象。

材料(1盘分量)

汉堡肉饼 ※…200g

土豆丝饼 ※※…200g　多明格拉斯酱汁 ※※※…80g

澄清黄油…2小勺　花生油…少许

做法

1 在锅中加入澄清黄油，小火加热。放入土豆丝饼，改中火煎上色后，放入烤箱中，230℃加热10分钟。取出后翻面，再次230℃加热10分钟。

2 在翻面烤制土豆丝饼时，炙烤汉堡肉饼。

技巧1、2 在烧烤板上铺上厨房纸巾，放上花生油，把汉堡肉饼置其上。中火烤4分钟，翻面再烤4分钟。

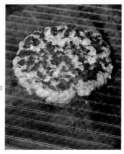

3 在锅中加热多明格拉斯酱汁，放入酱汁容器中。

4 在盘中盛上1、2，配上3。 技巧3

※ 汉堡肉饼

<材料> 1次烹饪量

猪前腿肉…780g　面包屑…50g　牛奶…200g

A
｜ 牛肉末（切成大块）…500g
｜ 牛油脂（切成大块）…250g
｜ 鸡蛋…2个　盐…18g　白胡椒…4g　肉豆蔻…1g
｜ 洋葱粉…5g　大蒜粉…5g

<做法>

1 混合面包屑和牛奶。

2 把猪前腿肉切成5mm小块。

3 在盆中加入1、2，材料A，混合均匀。

4 在模具中铺上保鲜膜，放入3。脱模后，用保鲜膜包好冷藏保存。

※※ 土豆丝饼

<材料> 1次烹饪量

土豆…1个

盐…适量　白胡椒…适量

<做法>

1 土豆去皮，快速冲洗后切成丝。放入盆中，撒上盐、白胡椒并拌匀。

2 在模具中铺上保鲜膜，放入1，脱模后，用保鲜膜包好，放入500W的微波炉中加热3分钟。在常温下冷却后，冷藏保存。

※※※ 多明格拉斯酱汁

<材料> 1次烹饪量

小牛高汤…1L　无盐黄油…50g

<做法>

中火加热小牛高汤收汁到250mL，加入无盐黄油使其熔化。

技巧1 **讲究食材**

该料理非常讲究食材，猪肉使用梅山猪肉，牛肉末和油脂使用赤城熟成牛。

技巧2 **汉堡肉饼表面积宽**

炙烤面宽才能给人分量十足的感觉。汉堡肉饼不是加工成椭圆形，而是稍微压薄一点，使表面积更大。

技巧3 **重叠盛放的方法非常新鲜!**

汉堡肉饼和土豆丝饼使用同样的模具成型，上下重叠盛放，犹如烤薄饼一般雅致。

香脆薄饼卷肉酱

猪梅花肉、猪颈肉、鸡肝

混合帕尔玛奶酪粉和面包屑并放入锅中加热，成型后翻起边缘使其贴在乡村风肉酱块的四周，提升了其附加价值。食材使用猪梅花肉、猪颈肉、鸡肝3种肉类。鸡肝充满野趣的风味非常搭配酱汁中根茎类蔬菜泥土的清香，再配上巴萨米克醋，口感清淡不油腻。

材料(1盘分量)

乡村风肉酱块 (3cm 厚) ＊…1块

面包屑…适量

帕尔玛奶酪粉…面包屑的5倍

巴萨米克醋…适量

红菜头法式调味汁 ＊＊…适量

黑胡椒…适量

野生芝麻菜…适量

做法

1 把面包屑加入食品料理器研细，与帕尔玛奶酪粉按1：5的比例混合。

2 将巴萨米克醋收汁至1/4。

3 把乡村风肉酱块切成3cm厚。

4 在平底锅中放好模具，放入 1，以小火到中火的火候加热。变成黄褐色后，拿走模具，放上 3，四周用铲子翻起，贴在 3 上。

5 把 4 放在预先冷冻的方形盘中，急速冷却。
技巧1

6 在盘子上点缀上红菜头法式调味汁、2，盛上 5，撒上黑胡椒碎末，装饰上野生芝麻菜。 技巧2

※ 乡村风肉酱块（3cm厚）

<材料> 1次烹饪量

猪梅花肉…2kg 猪颈肉…500g

鸡肝…500g 洋葱…2个

A

盐…36g 白胡椒…18g 大蒜…3瓣

百里香（新鲜）…3g 欧芹（切碎）…适量

开心果…100g 鸡蛋…4个

猪网油…适量

<做法>

1 把猪梅花肉切成1cm方块。热水煮猪颈肉。鸡肝处理干净后切碎。洋葱切碎，煎成糖色。

2 在盆中混合 1、材料 A，在冰箱中放置一晚。

3 在陶罐模具中铺上猪网油，放上 2，在冰箱中放置一晚。

4 从冰箱中取出 3，在常温下放置1~2小时，用隔水加热的方式放入160℃的烤箱中烘烤55分钟。

5 把 4 从烤箱取出，稍微放凉后，把包裹了保鲜膜的纸箱置于其上，再放上重物（2L塑料瓶）。冷却后，保持放上重物的状态放入冰箱中，放置5天。

※※ 红菜头法式调味汁

<材料> 1次烹饪量

红菜头…2个 水…适量

A

红酒醋…250g 花生油…750g

盐…15g 白胡椒…适量

<做法>

1 将红菜头带皮用热水煮至竹签能够轻松穿过时，捞起备用。去皮，放入搅拌机中搅拌成泥状。

2 制作法式调味汁。在容器中加入材料A，用搅拌棍搅拌均匀。

3 在盆中放入 1，一点一点加入 2 并搅拌均匀，同时注意二者不要分离。

技巧1 **急速冷却**

加热过度的话，口感会变得很干。煎好奶酪粉和面包屑混合物后，用锅铲翻起边缘使其贴在乡村风肉酱块的四周，再放在冷冻过的方形盘中急速冷却。

技巧2 **增加附加值**

以前的乡村风肉酱块直接裹上面包屑放入锅中煎烤，但是现在改成冷菜的风格，更能衬托出肉酱块的美味。增加一道工序，就给该料理增加了附加值。

材料（5份分量）

混合肉末（→ p.213）…500g

鸡肝…125g

雪利酒…10mL

马尔萨拉酒…15mL

培根…40g

月桂叶…少许

＜上菜用（1份分量）＞

乡村风肉酱（1cm厚）…4块

迷你番茄…1/2个

欧芹…适量

芥末粒…适量

做法

1 在食品料理器中放入混合肉末搅拌。接下来加入鸡肝继续搅拌。

技巧1 按顺序加入雪利酒、马尔萨拉酒并依次搅拌。

2 在 5cm×15cm 的蛋糕模具中铺上保鲜膜，并把培根放入模具两侧，使其能够从模具中露出来。放入**1**，培根朝里面折叠覆盖，把月桂叶置于其上。盖上保鲜膜，用蒸笼蒸1小时。

3 把**2**切开盛于木板上，配上迷你番茄、欧芹、芥末粒。

技巧1 鸡肝用于增加黏度

为了让混合肉末更加黏稠，在其中加入鸡肝。

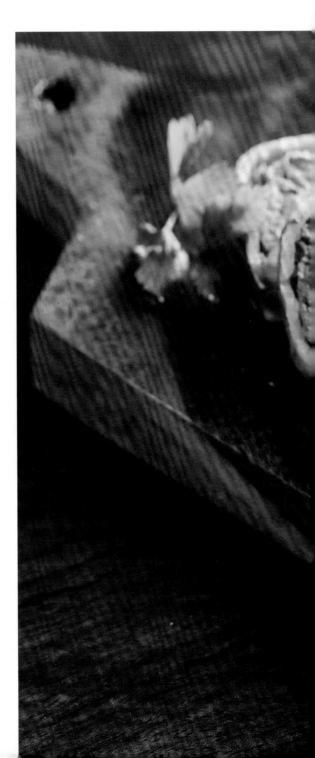

乡村风培根卷肉酱

马肉末、猪肉末、猪背油

先用食品料理器搅拌，然后放入蛋糕模具中蒸制。该料理不会花费太多功夫，尽管如此，却具有花费功夫烹饪而成的专业性魅力。以使用马肉的混合肉末为基础，高效率进行烹饪。周围用培根包裹，增加浓厚口感，适合搭配红酒。

乡村风肉酱块

猪肉末、鸡肝、鸡杂、猪背油

这是居酒屋的王牌料理。混合味道浓郁的鸡肝泥以及口感清甜的猪背油，加入香料和白兰地、鲜奶油，将猪肉末烹饪出丰富的味道。为了让客人在品尝时尽情享受美味，把其切成如图片所示具有视觉冲击力的厚度。使用季节性的蔬菜自制各色腌菜。

材料(2大块分量)

猪肉末…1kg　鸡肝…800g

牛奶（腌制用）…适量　鸡杂…220g

猪背油（切块）…200g

洋葱（炒过）…300g

肉豆蔻、法式混合香料、盐、黑胡椒…各适量

白兰地…40g　鲜奶油…100g　鸡蛋…3个

猪网油…适量　月桂叶…10片

<上菜用（1盘分量）>

乡村风肉酱块（4cm厚）…1块

各类腌菜（红心萝卜、黄灯笼椒、红灯笼椒、西芹、黄瓜）…各1根

什菜沙律…适量

马利第戎芥末酱…1大勺

碎胡椒、碎欧芹、特级初榨橄榄油…各适量

做法

1. 鸡肝在牛奶中腌制一晚去除腥味，用水洗干净，与鸡杂一起加入食品料理器中搅拌成泥状。 **技巧1**

2. 把**1**放入盆中，加入猪肉末、猪背油、洋葱混合均匀，加入调料类和白兰地、鲜奶油、鸡蛋混合搅拌均匀。

3. 在陶罐模具中铺开猪网油，把**2**放入并压紧，用猪网油包好并放上月桂叶。

4. 用铝箔纸包裹**3**并盖上盖子，放入180℃的烤箱中隔水蒸烤约2小时。冷却后放入冰箱中保存。

5. 使用时，把**4**切成约4cm的厚度，盛于盘子上，配上各类腌菜和什菜沙律、马利第戎芥末酱。撒上碎胡椒、碎欧芹和特级初榨橄榄油。 **技巧2**

技巧1　**用牛奶去除腥味**

鸡肝在牛奶中腌制一晚去除血水，用水充分清洗。经过事先处理，去除鸡肝的腥味，更能发挥鸡肝原有的浓厚味道和风味。

技巧2　**厚度突出分量感**

这道菜的理念是"分量十足"。把乡村风肉酱块切成4cm的厚度，以具有分量感的肉块形状推出该料理。

冷制果仁风味肉酱块

混合肉末

把核桃和葡萄干搭配在一起，该料理设法突出甜味、香味以及口感。可以预先加工储存，放置四五天，即使是凉的也非常好吃，适合作为需要快速上菜的前菜。以混合肉末为基础，加入番茄酱和巴萨米克醋调味，还有核桃和葡萄干。倒入模具中，放入烤箱用隔水蒸烤的方法烹饪。

材料（5、6盘分量）

A

　　混合肉末（等量的牛肉和猪肉）…1kg

　　葡萄干…100g　核桃…100g

　　番茄酱…1大勺　大蒜（切末）…适量

　　巴萨米克醋…1大勺　盐…适量

　　黑胡椒…适量

芥末粒…适量

特级初榨橄榄油…适量

碎欧芹…适量

做法

1. 把材料 A 混合均匀，放入模具中。

2. 将1放入200℃的烤箱中隔水蒸烤40~50分钟。冷却后，冷藏保存。技巧1、2

3. 使用时，把2从模具中取出，切成适当大小，盛于盘中。配上芥末粒，淋上特级初榨橄榄油，撒上碎欧芹。

技巧1 烹饪方法更简单

只要把材料混合后加热就可以了，烹饪方法简单，可以预先加工储存。

技巧2 初次烹饪也不会出错

用隔水蒸烤的方法，很少出错。

招牌肉酱

猪肉末、鸭肉末、白鸡肝

把意大利卡拉布里亚地区的特产辣香肠（nduja）切碎加入该肉酱中，突出味道的重点，提高其独创性。肉酱整体加工成稍扁的形状，切成有一定厚度的肉块。用菜刀切开的时候注意切出粗糙的断面，使人感觉肉的分量十足。配上各类腌菜和芥末粒。

材料（10~12盘分量）

A

| 猪肉末…500g　鸭肉末…300g
| 鸡蛋…1个　盐…16g（肉重的2%）　黑胡椒…少许

白鸡肝…300g　大蒜…少许

小茴香…10g　辣香肠…20g

洋葱…1/2个　橄榄油…适量

猪网油…适量　百里香…适量　月桂叶…适量

各类腌菜…适量　芥末粒…适量

做法

1　把白鸡肝去除筋膜，用搅拌机搅拌成泥状。

2　把大蒜、小茴香、辣香肠切成碎末。洋葱切末，加橄榄油炒一下。

3　在盆中加入材料A、1、2，搅拌均匀至有黏稠感。盖上保鲜膜，放在冰箱中。

4　在陶罐模具中铺上猪网油，放入3，振出空气压紧。用猪网油包好，放上百里香、月桂叶，铺上铝箔纸，盖上盖子。

5　把4放入180℃烤箱中隔水蒸烤2小时。里面温度达到65℃时，取出并用冰水冷却。冷却后，取下盖子，用重物压在上方，放入冰箱中放置一晚。

6　取下上方的重物，在表面覆盖保鲜膜，盖上盖子，在冰箱中放置两晚。

7　取下盖子和保鲜膜，用喷烧枪炙烤陶罐模具，取出6。切块盛在盘中，配上各类腌菜和芥末粒。技巧1、2

技巧1　在切法上下功夫

切开肉酱的时候，下刀后挪动刀锋切块。这样的话，就能够切出粗糙的断面。

技巧2　用喷烧枪炙烤模具

把肉酱从陶罐模具中取出时，翻过来并用喷烧枪炙烤模具，其中的油脂就会熔化，肉酱会变得易于取出。

酸爽五花肉和猪杂香肠

猪肉末、猪杂、鸡杂、猪五花肉

猪杂香肠在大块猪肉末中加入猪肚和猪心，口感富有嚼劲，极具独创性。搅拌成泥状的鸡肝增添了香肠浓郁的口感，令人回味无穷。咸五花肉的鲜美味道，搭配圆白菜清爽的酸味，按照德国传统料理"酸菜香肠"的风味烹饪。可以搭配啤酒和红酒，极受好评。

材料（1盘分量）

猪杂香肠 ※…1根

咸五花肉 ※※…1块（100g）

橄榄油…适量

酸菜 ※※※…80g

土豆（水煮）…1个

马利第戎芥末酱…1大勺

碎欧芹…适量

做法

1 在平底锅中烧热橄榄油，煎香肠 技巧1 和切块的咸五花肉。技巧2

2 1煎上色后，放入230℃的烤箱中烤制约15分钟。

3 在盘中盛上酸菜、香肠2和咸五花肉、煮熟的土豆块，配上芥末，撒上碎欧芹。

※ 猪杂香肠
<材料> 1次烹饪量
　猪肉末（大块肉末）…1.5kg
　鸡软骨（剁成末）…900g　猪肚…600g
　猪心…450g　鸡肝…300g
　牛奶（腌制用）…适量
　肉豆蔻、牛至、法式混合香料、盐、黑胡椒、白砂糖
　…各适量
　蛋白…40g　猪肠…适量　橄榄油…适量
<做法>
1 鸡肝在牛奶中腌制一晚后用水清洗干净，放入食品料理器中搅拌成泥状，再加入猪肚和猪心搅拌成稍大块的碎末。
2 在盆中混合猪肉末和鸡软骨末、1，加入肉豆蔻、牛至、法式混合香料、盐、黑胡椒、白砂糖、蛋白，用手搅拌混合均匀。
3 把猪肠放入水中去除盐分。
4 在灌香肠的工具中放入2，灌入猪肠3中，每根香肠灌入约200g，在香肠的一端打结。加工好的香肠冷冻保存。

※※ 咸五花肉
<材料> 1次烹饪量
　猪五花肉…2kg　盐…40g（肉重的2%）
　大蒜…适量　水…适量
<做法>
1 用猪五花肉块重量的2%的盐和切片的大蒜腌制猪五花肉，放置一晚。
2 把1放入锅中，加入刚刚没过肉块的水，煮2小时以上。

※※※ 酸菜
<材料> 1次烹饪量
　圆白菜（切成2cm宽的块状）…1个
　盐…适量　洋葱…1个　白葡萄酒醋…200mL
　白葡萄酒…200mL　清汤…300mL
<做法>
1 在圆白菜上撒盐，放置一会儿后挤干溢出的水分。
2 翻炒切成薄片的洋葱，加入白葡萄酒醋、白葡萄酒、1、清汤，煮10~15分钟即完成。

技巧1 保留猪肚、猪心富有嚼劲的口感

猪肚和猪心的口感是香肠风味的重点所在。因此，用食品料理器搅拌成稍大块的碎末，让人能够感受到猪肚、猪心富有嚼劲的口感。

技巧2 一起烹饪

香肠和咸五花肉分别预先加工储存，使用时一起加热。先把表面煎成金黄色，再放入烤箱中烤制。

羊羔肉卷

羊羔腰脊肉、羊颈肉

用羊羔腰脊肉包裹混合各种香料的羊肉肉馅，在缓和羊肉膻味的同时，使顾客享用到羊肉独特的香味。真空包装肉卷并放入热水中加热，犹如水煮火腿一般把里面加工成鲜嫩多汁的口感，最后用猪网油包裹并放入锅中煎，把肉卷表面的油脂煎出香味。清甜的烤蔬菜泥和盐、黑胡椒更加衬托出羊肉香味。

材料(1根分量)

羊羔腰脊肉…800 ~ 900g

盐…适量

肉馅

　羊颈肉（肉末）…200g

　盐…肉重的1.3%

　孜然、香菜籽、灯笼椒粉、蒜粉、白胡椒…各适量

猪网油…适量

低筋面粉…适量

橄榄油…适量

烤蔬菜*…适量

烤蔬菜泥**…适量

黑胡椒…适量

＊大青椒、灯笼椒、舞茸、香菇淋上橄榄油烧烤，撒上盐。

＊＊把茄子和灯笼椒表皮烤焦，剥皮，加鸡汤炖煮。

做法

1 预先处理羊羔腰脊肉。首先在骨头和肉之间下刀，把连在肉上的骨头割下来。割下来的骨头在制作酱汁的时候使用。接下来，割下腰脊肉里的软骨、筋膜以及多余的油脂。

2 准备肉馅。把羊颈肉加工成肉末，加入盐和香料搅拌均匀。

3 在腰脊肉**1**上撒上薄薄的盐，在薄的部分铺上**2**，从一端开始卷起。用保鲜膜包裹成糖果状，放入密封袋中，抽成真空。 技巧**1**

4 在锅中烧开水，水沸腾的状态下放入**3**，关火，盖上锅盖。利用余热继续加热，直到冷却。技巧**2**

5 **4** 冷却后，从真空袋中取出，保持保鲜膜包裹的状态平均切成块。

6 1份分量为1块（250g），用猪网油包好，用粗棉线捆绑。整体裹上低筋面粉，放入放有少量橄榄油的锅中煎。

7 把煎上色的**6**平均切成3块，撒上盐，和烤蔬菜一起盛于木板上。配上烤蔬菜泥，撒上黑胡椒。

技巧**1** 用香料调味

为了减轻羊肉特有的味道，肉馅中混合使用多种香料。辛香的风味衬托羊肉肉香，吃起来没有油腻感。

技巧**2** 用余热加热

卷入肉馅的羊肉卷不易受热，在煎之前保持真空包装的状态放入热水中加热。在水沸腾起来时，放入热水中并马上关火，用余热加热，直到冷却。在这段时间里，羊肉煮得刚刚好。

清炖羊羔肉

羊羔肩胛肉

这道菜是自制羊羔肉火腿搭配辛香的"麻辣酱"，从中国菜得到灵感而开发。各有特色的食材搭配在一起，酝酿出绝妙的美味。羊羔肉用盐、大蒜、香草腌制，在75℃的低温中细火慢炖，把肉块烹饪成漂亮的粉红色，其口感鲜嫩多汁。

材料（20盘分量）

羊羔肩胛肉…600g

盐…9.6g（肉重的1.6%）

大蒜（切片）…1瓣

鼠尾草（新鲜）…1～2枝

2%的盐水…适量

白胡椒…适量

香菜…适量

麻辣酱※…适量

做法

1 用大蒜、鼠尾草、盐腌制羊羔肩胛肉4天左右。技巧1

2 放入2%的盐水中保持75℃加热 1 1.5小时。技巧2

3 放置腌制一晚。保存时可以保持腌制的状态。可以第二天以后使用。

4 使用时，把 3 切片，盛于盘中。撒上白胡椒，装饰香菜。配上麻辣酱。

※ 麻辣酱
<材料>1次烹饪量
　豆豉…80g　豆瓣酱…30g　大蒜…20g
　色拉油…200mL　花山椒…25g　香菜籽…25g
　白芝麻…20g　小茴香…10g
　日式料酒（挥发酒精后）…150mL　黑醋…75mL
　巴萨米克醋…75mL　辣油…1大勺　盐…1小勺
　蜂蜜…1大勺　桂皮…适量
　香菜（根部）…适量
<做法>
1 用色拉油把豆豉、豆瓣酱、大蒜翻炒出香气。
2 把花山椒、香菜籽、白芝麻、小茴香翻炒出香气。
3 在 1 、 2 中加入挥发酒精后的日式料酒以及黑醋、巴萨米克醋。最后加入辣油、盐、蜂蜜、桂皮、切成末的香菜根。

技巧1 有效用于各类料理

在羊羔肩胛肉中充分腌入香草的香气，简单进行调味。既可以搭配各类酱料，也可以用于创新其他料理。

技巧2 低温烹饪使肉块鲜嫩多汁

75℃低温细火炖煮，可以把羊肉加工成鲜嫩多汁的口感。

三种酱料焗土豆

牛、羊、猪肉末

在土豆上铺上足量的奶油酱和肉末酱、蓝芝士，放入烤箱中烘烤，做成奶汁烤菜。热乎乎的感觉容易激发客人的食欲，极受好评。肉末酱有效利用各种肉的边角肉，减少损耗的同时有利于烹饪出丰富的口味。可以把土豆改成意大利面等加以创新。

材料（1份分量）

肉末酱※…30g

奶油酱※※…50g

土豆…1/2个

戈贡佐拉芝士…20g

碎欧芹…适量

做法

1. 把土豆带皮放入150℃的烤箱中加热1小时左右。
2. 把 ◱ 切成一口能吃下的大小，放入烤盘中。铺上奶油酱，再铺上肉末酱。 技巧◱、◲ 放上戈贡佐拉芝士，撒上碎欧芹。

3. 把 ◲ 放入280℃的烤箱中烤10~15分钟即可上菜。

※ 肉末酱

<材料> 1次烹饪量

肉末（混合牛肉、羊肉、猪肉）…1kg

纯橄榄油…适量　大蒜…5瓣

红酒…750mL　罐装番茄…1050g

盐…适量　黑胡椒…适量

<做法>

1. 在锅中放入纯橄榄油，把大蒜切碎，翻炒出香气。炒出香气后，加入肉末翻炒，变色后加入红酒继续加热。
2. 撇去浮沫，在 ◱ 中加入罐装番茄，小火煮1小时收汁，直到水分完全蒸发。加盐、黑胡椒调味，放入保存容器中冷藏保存。

※※ 奶油酱

<材料> 1次烹饪量

黄油…80g　低筋面粉…80g

葛拉姆马萨拉（香料）…适量

牛奶…500mL　鸡汤（白色高汤）…250mL

<做法>

1. 加热熔化黄油，加入低筋面粉、葛拉姆马萨拉翻炒。
2. 在 ◱ 中加入牛奶并加热，一边用打蛋器搅拌一边收汁至可以拉丝的程度。途中加入鸡汤继续收汁，变成适宜的干稀度时即可关火。放入保存容器中冷藏保存。

技巧◱ 有效利用边角肉提升口味

在处理用于其他料理的肉类时，会产生多余的肉块和筋肉。肉末酱充分利用这部分多余的肉块和筋肉。

技巧◲ 味道适中的肉末酱

不在肉末酱中添加蔬菜，突出肉末本身恰到好处的香味。适合搭配奶酪等，可以加以创新。

圆白菜裹肉馅

混合肉末

放上奶酪，搭配热乎乎的洋葱汤汁，开发出风味新颖的圆白菜裹肉馅。肉馅在牛肉和猪肉的混合肉末中加入足量的洋葱和胡萝卜等蔬菜，口味较为清爽。事先蒸好圆白菜裹肉馅，使用时，加入洋葱汤汁一起加热，再放上奶酪，用烤箱烘烤而成。

材料（1盘分量）

肉馅 ※…100g

圆白菜（焯水）※※…1、2片

洋葱汤汁 ※※※…适量

格鲁耶尔奶酪…适量

碎欧芹…适量

做法

1 用圆白菜包裹100g 肉馅。 技巧1 使用1片大菜叶，或者使用2片接近中心部分的小菜叶。

2 把1放入蒸笼中蒸制30分钟左右。稍微冷却后，冷藏保存。 技巧2

3 使用时，在小锅中放入洋葱汤汁和2，开火加热。
技巧3

4 在圆白菜裹肉馅中心部分受热后，转移到耐热器皿中，放上格鲁耶尔奶酪。放入240℃的烤箱中烤制5分钟左右，撒上碎欧芹即可上菜。

※ 肉馅

<材料>1次烹饪量
　肉末（猪肉600g、牛肉400g）…1kg
　洋葱…1个　胡萝卜…1根　鸡蛋…1个　盐…适量
　黑胡椒…适量　番茄酱…少许
<做法>
翻炒切碎的洋葱、胡萝卜，加入肉末、鸡蛋、盐、黑胡椒、番茄酱，混合均匀。

※※ 圆白菜的焯水方法

圆白菜去除底部的硬芯，整个放入加热的盐水中焯水。圆白菜从外侧开始受热，所以按顺序剥下焯好的菜叶，放在冰水中。冷却后，摆放在笊篱背面，沥干水分。

※※※ 洋葱汤汁

<材料>1次烹饪量
　洋葱…1kg　橄榄油…50mL　黄油…30g
　清汤…360mL　盐…适量　白胡椒…适量
<做法>
1 用橄榄油和黄油翻炒切成片的洋葱。细火慢炒直到变成米黄色。
2 在1中加入清汤，加热时撇去浮沫。煮热后，加入盐、白胡椒调味。

技巧1 加入蔬菜使肉馅口感轻盈

在肉末中加入大量的蔬菜，使肉馅的口感变得清爽。

技巧2 减少损耗，快速上菜

圆白菜裹肉馅保持蒸好的状态预先冷藏保存，可以减少损耗，提高上菜效率。

技巧3 通过汤汁的风味提升魅力

用洋葱汤汁调味，开发出风味新颖的圆白菜裹肉馅菜品。

蔬菜烩肉

牛筋肉、猪五花肉、鸡翅根

虽然简单，但是该料理也能让人品尝到充分发挥食材原有味道、令人回味无穷的汤汁。3种肉均烹饪成餐又可以切断的软糯程度，让人可以品尝到各不相同的风味。外观也非常优美，让人不由得想要搭配法式面包片，尤其受到女性欢迎。

材料（1次烹饪量）

牛筋肉…1kg

猪五花肉（块状）…1kg

鸡翅根…1kg　水…适量

洋葱、胡萝卜、西芹…各适量

盐…适量

季节性蔬菜（莲藕、红薯、花椰菜、扁豆）…适量

萨尔萨青酱

A

　欧芹…10g　罗勒叶…5片　紫苏…5片

　花椒嫩叶…2g　凤尾鱼…2条　各类腌菜…60g

　小黄瓜…15g　水瓜柳…2g

　巴萨米克白醋…7g　盐…适量

特级初榨橄榄油…适量

做法

1 把牛筋肉、猪五花肉、鸡翅根用水煮沸后，冲水洗干净。

2 把 1 再次放入水中，加入盐和切成大块的洋葱、胡萝卜、西芹，煮2~3小时。技巧 1 、 2

3 2 可以穿过竹签时，取出食材，过滤汤汁。食材和汤汁一起冷却保存。

4 制作萨尔萨青酱。把材料 A 放入搅拌机中搅拌，加特级初榨橄榄油调整浓度。

5 使用时，将 3 和季节性蔬菜一起放入锅中加热。

6 5 中的蔬菜可以穿过竹签时，盛于盘中，配上 4 即可上菜。

技巧 1　盐是味道的关键

只加盐调味。多加一些盐，调成恰到好处的味道。如果太咸的话，在出锅前再加入少量汤汁进行调整。

技巧 2　控制火候让食材更鲜美

火太大的话，会蒸发掉食材原有的水分。尽可能一边观察锅里的情况一边注意调节火候。煮得太久也会导致味道流失，需要注意。

蒸烧卖

马肉末、猪肉末、猪背油

这道菜是以混合肉末为基本材料加工而成的烧卖。1个25g 的大小，一共4个，一口无法完全吃完的分量非常受欢迎。不仅大个的外观给人以冲击力，和普通的烧卖相比较还可以省去包烧卖的工夫，另外，肉汁丰富也是魅力之一。

材料(10份分量)

烧卖肉馅

混合肉末 ※…1kg
生姜末…10g
清酒…50mL
芝麻油…30mL
浓酱油…30mL
淀粉…100g

＜上菜用（1份分量）＞

烧卖肉馅…100g
烧卖皮…4张
白菜…适量
芥末…适量

做法

1 制作烧卖肉馅。在盆中加入所有的材料，揉均匀，直至有黏稠感。 技巧1

2 用挖球勺挖出肉馅，放在烧卖皮上并包裹起来。
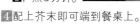

3 在蒸笼上铺上白菜，放上 2，蒸6分钟。

4 配上芥末即可端到餐桌上。

※ 混合肉末
＜材料＞1次烹饪量
马肉末…1kg　猪肉末…1kg　猪背油…250g
盐…28g　黑胡椒…10g　洋葱（切末）…3个
＜做法＞
在盆中混合材料，揉均匀，直至有黏稠感。

技巧1 缩短准备时间

预先准备好制作肉馅的基本材料，各类相关菜品都可以使用，有助于缩短准备时间。

马肉春卷

马肉末、猪肉末、猪背油

这道菜是以加入马肉末的混合肉末为基本材料的春卷。直接食用，或者蘸取马肉刺身酱油食用，都非常好吃。春卷使用马肉，令人感到非常意外，受到好评。

材料（20份分量）

春卷肉馅

混合肉末（→p.213）···1kg

大葱（切末）···200g

白菜（切末）···100g

蒜末···100g　生姜末···75g

淀粉···100g　清酒···50mL　芝麻油···30mL

浓酱油···30mL　白砂糖···15g

<上菜用（1份分量）>

春卷肉馅···50g

春卷皮···1张

低筋面粉···适量

淀粉···适量

色拉油···适量

欧芹···少许

芥末···少许

做法

1 制作春卷肉馅。把所有材料放入盆中，揉均匀，直至有黏稠感。

2 把 1 放入塑料袋中，下端开洞。

3 把 2 的肉馅挤在跟前的春卷皮上，并在周围抹上低筋面粉糊。从跟前开始往里面翻卷1圈，左右分别折入里面，继续从跟前往里面翻卷。放在撒有淀粉的方形盘中，冷冻保存。

4 使用时，把 3 放入180℃的色拉油中油炸2分钟。取出后放置一会儿，继续炸2分钟。 技巧1

5 把 4 盛在容器中，配上欧芹、芥末。

技巧1　炸两次使肉卷更香

外表容易炸焦，油炸一次后取出，放置一会儿，用余热加热，再油炸一次使肉卷更香。

炸肉饼和炸金钱肚拼盘

混合肉末、金钱肚

这是以"分量十足"为主题的料理。炸肉饼中除了牛膈肉和猪肚、鸡肝以外，还有大量的猪背油，用小刀切开的话肉汁会一下子溢出来。鸡软骨吃起来"咔滋咔滋"的感觉是该料理的重点。另外，金钱肚先经过挤压，再放入油中油炸。酥脆的面衣和金钱肚的口感非常特别。

材料（易于烹饪的分量）

炸肉饼【16~17个分量】

牛膈肉（肉末）…1kg　猪肉末…1kg

鸡软骨（剁成末）…500g

猪背油（大块碎末）…400g

猪肚（大块碎末）…200g

鸡肝（用搅拌机加工成泥状）…200g

洋葱…适量

面包屑、鲜奶油、鸡蛋、盐、白胡椒…各适量

低筋面粉、鸡蛋液…各适量

炸物专用油…适量

油炸金钱肚【1人分量】

金钱肚（经过挤压）…100g

辛香蔬菜…适量　水…适量

盐、白胡椒…各适量　低筋面粉、鸡蛋液、

面包屑…各适量　炸物专用油…适量

＜上菜用（1盘分量）＞

圆白菜（切块）…1/6个

马利第戎芥末酱…1大勺

柠檬…1/2个

莫尔登海盐（小薄片）、碎欧芹…各适量

做法

1 制作炸肉饼。在盆中混合材料中的肉类，加入炒好的洋葱、面包屑、鲜奶油、鸡蛋混合均匀，加盐、白胡椒调味。

2 肉馅 **1** 取250g，捏成椭圆形，按顺序裹上低筋面粉、鸡蛋液、面包屑。

3 把 **2** 放入油中炸成黄褐色，沥干油分，然后放入230℃的烤箱中加热约10分钟。为了确认是否烤熟，用铁扦刺入肉饼里面确认温度。
　技巧 **1**

4 制作油炸金钱肚。准备预先处理过的金钱肚，和辛香蔬菜一起放入锅中，加入刚好没过食材

的水量。煮沸后，改小火，盖上锅盖，煮4~6小时直至软糯。稍微冷却后，放在方形盘中，压上重物放置一晚。技巧 **2**

5 在 **4** 上撒盐、白胡椒，按顺序裹上低筋面粉、鸡蛋液、面包屑，放入油中炸成黄褐色。

6 在盘中铺上圆白菜，摆放 **3** 和 **5**，配上芥末和柠檬，撒上小薄片形状的海盐和碎欧芹。

技巧1 放入烤箱中加热

炸肉饼有250g的分量，加热的方法非常关键。油炸成漂亮的颜色以后，使用烤箱加热，可以充分使肉饼里面熟透。

技巧2 通过挤压突出口感

炸金钱肚的魅力在于面衣的酥脆感和金钱肚的弹力。为了加工成富有嚼劲的口感，挤压金钱肚，去除水分并整理成平整的形状。事先和辛香蔬菜一起水煮，吃起来没有腥味。

圆柱形双拼炸肉饼

牛膈肉、鸡肝

一个肉饼约为100g大小，在浓郁的奶油白酱汁中混合牛膈肉，并放上鸡肝作为肉馅。鸡肝焯水后完全没有异味，与浓厚的奶油搭配在一起，烹饪成浓郁的风味。

材料(1次烹饪量)

鸡肝…200g 牛膈肉…240g

洋葱酱…120g 橄榄油…适量

奶油白酱汁

> 牛奶…1L 黄油…100g 低筋面粉…100g
> 盐、黑胡椒…各适量

低筋面粉、鸡蛋液、奶酪粉、面包屑…各适量

炸物专用油…适量

<上菜用(1盘分量)>

圆白菜(切成不规则的形状)…1/6个

巴萨米克酱汁…1大勺

奶酪粉(哥瑞纳-帕达诺)、碎欧芹…各适量

做法

1 将鸡肝快速焯水。

2 把牛膈肉切成薄片，放入烧热橄榄油的锅中煎炒。

3 制作奶油白酱汁。翻炒黄油和低筋面粉，加入牛奶溶解稀释，加盐、黑胡椒调味。把牛膈肉 2 连同肉汁一起加入其中，再加入洋葱酱混合均匀，放入冰箱中放置1天。技巧1

4 每个100g，将 3 铺在保鲜膜上，把 1 置于其上。

用保鲜膜包裹卷成圆柱状。技巧2

5 4 薄薄地裹上低筋面粉，过加入奶酪粉的鸡蛋液，滚上面包屑，放入油中炸成黄褐色。面包屑主要使用剩余的法式面包磨成的碎屑。

6 在盘中铺上圆白菜，1盘装2个，浇上巴萨米克醋收汁后的酱汁，撒上奶酪粉和碎欧芹。

技巧1 将奶油白酱汁放置一段时间

奶油白酱汁中混合了牛膈肉和洋葱酱。把奶油白酱汁放置1天，食材和酱汁可以充分融合，更容易加工成肉饼。

技巧2 用保鲜膜包裹成形

加工成漂亮的圆柱形。用保鲜膜包裹肉馅，在台上一边转动一边卷紧。通过这种方法整理成形，再裹上面衣油炸。

白扁豆炖羊羔肉

羊羔肩胛肉

加工成烤羊排的话损耗会较大，烹饪成炖菜料理的话就不用担心了。该料理主打令人备感亲切的感觉，根据这种想法开发而成。和辛香蔬菜一起炖软糯，加入白扁豆，撒上佩科里诺奶酪，淋上特级初榨橄榄油，即可上桌。

材料（12盘分量）

羊羔肩胛肉（整块）…2.5kg　盐…适量

黑胡椒…适量　橄榄油…适量

大蒜…2瓣　洋葱…1.5个

西芹…2根　胡萝卜…1/2根　白葡萄酒…适量

清汤（鸡架、洋葱、西芹）…适量

月桂叶…1片　百里香…1片　番茄（大）…1个

白扁豆…适量　水…适量

＜上菜用（1盘分量）＞

白扁豆…适量　佩科里诺奶酪…适量

碎欧芹…适量

特级初榨橄榄油…适量

做法

1 把干燥的白扁豆放在水里泡发一晚。倒掉水，用厚底锅细火炖白扁豆，保持白扁豆在锅中不翻滚。加盐调味。

2 把洋葱去皮切成适当大小。西芹和胡萝卜切成适当大小。

3 把整块羊羔肩胛肉平均切成12份，撒上盐、黑胡椒。

4 在锅中倒入橄榄油，小火加热，加入拍扁的大蒜，翻炒出香气。炒出香气后，放入2，大火翻炒。

5 在锅中倒入橄榄油，大火加热，放入3，加热表面使之成形。加入白葡萄酒，把4连汁一起倒入锅中。

6 在5中加入清汤，没过羊羔肩胛肉，沸腾后改中火，放入月桂叶、百里香、去蒂番茄，炖煮2小时直至软糯。

7 把6放在小锅中，加入1并加热。

8 把7盛于盘中，技巧1 撒上擦成丝的佩科里诺奶酪、碎欧芹，淋上特级初榨橄榄油。

技巧1 适合炖煮的羊羔肉

成块的羊羔肉令人感觉非常豪爽，炖好后会有大量汤汁，非常易于烹饪成独具风格的炖菜料理。

咖喱炖羊羔肉

大块羊羔肉末

这道菜的灵感来自印度炖菜料理咖喱炖肉。该料理是一种酸爽辛辣的咖喱，可以直接作为下酒菜，或者用来下米饭。羊羔肉剁成稍大块的肉末，突出存在感。各类蔬菜和羊羔肉与各种香料一同炖煮，出锅前再加入干炒出香气的香料，最后加盐和米醋调味。

材料(20份分量)

大块羊羔肉末···1.5kg　　洋葱···4个大的或5个中等的

香菜（根部）···3把分量　西芹···1棵

生姜末···80g　蒜（切末）···4瓣

罐装番茄···4罐　水···1L　朝天椒···15个

芥末粒···4大勺　桂皮···2根

灯笼椒粉···4大勺

香料（罐装）

　孜然···6大勺　葫芦巴···2大勺

　丁香···10粒　小茴香···4大勺

　香菜籽···3大勺　干葫芦巴叶···3大勺

色拉油（炒菜用）···适量　白砂糖···3大勺

盐···适量　米醋···200mL（根据喜好调整）

做法

1. 烧热锅，加入色拉油。把朝天椒和芥末粒翻炒出香气，注意不要炒焦了。 技巧1

2. 在1中加入切片的洋葱，翻炒成黄褐色。

3. 把切碎的香菜根、西芹、生姜末和蒜末加入2中，继续翻炒，过一会再加入桂皮、灯笼椒粉。

4. 用手将罐装番茄压碎后加入3。加入大块羊羔肉末， 技巧2 收汁直至变得黏稠。

5. 在4里加水，继续炖30分钟。

6. 罐装香料干炒出香气，用手持式搅拌器研成粉状。做好后加入5，再加白砂糖、盐、米醋调味。

技巧1 把香料干炒出香气

干炒香料时注意不要炒焦了。

技巧2 使用羊羔肉，更富有个性

以印度料理为基础而开发。通常多用猪肉烹饪，使用羊羔肉更加突出该料理的个性。

那不勒斯风意大利面

猪肉末、鸡软骨、猪杂、鸡杂

在猪肉末中加入猪肚、猪心、鸡肝、鸡软骨等做成酱料。用含有足量杂碎的酱料翻炒意大利面，极受欢迎。
既然是那不勒斯风味，要烹饪出令人怀念的味道就要使用番茄酱。番茄酱和半熟的意大利面的独特口感相辅
相成，新鲜而又令人备感亲切。

材料（30盘分量）

＜酱料＞

猪肉末（大块肉末）…1.5kg　鸡软骨（剁成末）…900g

猪肚…600g　猪心…450g　鸡肝…300g

牛奶（腌制用）…适量

肉豆蔻、盐、黑胡椒、白砂糖…各适量

白葡萄酒…150mL　番茄酱…800g

自制番茄泥…1.2L　朝天椒…2个

＜上菜用（1盘分量）＞

意大利面…220g　橄榄油…适量

蒜香橄榄油…适量　小肠（2～3cm）…6块

酱料…适量　青椒（切碎）…1/2个

塔巴斯哥辣酱、番茄酱…各适量

黑胡椒、奶酪粉…各适量

做法

1 制作酱料。把鸡肝在牛奶中腌制一晚去除腥味，用水冲洗干净，放入食品料理器中搅拌成泥状后，加入猪肚和猪心搅拌成大块碎末。 技巧1

2 在盆中混合猪肉末和鸡软骨碎末、1、肉豆蔻、盐、黑胡椒、白砂糖，用手搅拌均匀。

3 在锅中放入2，开小火，不时地颠锅，充分翻炒均匀。

4 肉类炒好后，加入白葡萄酒、番茄酱、番茄泥、朝天椒炖煮。至此，酱料就做好了。 技巧2

5 把意大利面煮至半熟，加入橄榄油充分拌匀。

6 把切块的小肠放入锅中干炒，加热4。 技巧3

7 用蒜香橄榄油翻炒5，表面炒出坚硬感时，加入酱料并翻炒均匀，然后加入青椒和小肠6，翻炒均匀后加塔巴斯哥辣酱、番茄酱调味。 技巧4

8 把7盛在盘中，撒上黑胡椒和奶酪粉调味。

技巧1　把鸡肝和鸡软骨加入酱料

酱料是把意大利面烹饪出别具一格的风味的关键之一。把鸡软骨、鸡肝泥、猪肚、猪心与猪肉末混合均匀，做成酱料，在酱料中可以品尝到鸡肝、猪肚和猪心、鸡软骨等不同的口感。

技巧2　用番茄酱烹饪出亲切的味道

重视那不勒斯风味给人带来的想象，在酱料中加入大量的番茄酱。那不勒斯风味意大利面使用新鲜的杂碎，并且用心烹饪出让人备感亲切的味道。

技巧3　强调杂碎的存在感

加入炒过的小肠，强调杂碎的存在感，可以尽情地品尝杂碎特有的口感和香味。

技巧4　独一无二的意大利面口感

意大利面在加工的阶段煮得比"有嚼劲（Al Dente）"的口感更硬一些，冷藏保存。使用时，用蒜香橄榄油将意大利面烹饪成外面有嚼劲、里面柔软的独特口感。这种不可思议的口感是其特别之处。